Springer
*Berlin
Heidelberg
New York
Barcelona
Budapest
Hongkong
London
Mailand
Paris
Santa Clara
Singapur
Tokio*

Ulrich Sommer

Algen, Quallen, Wasserfloh

Die Welt des Planktons

Springer

Mit 42 Abbildungen und 16 Farbtafeln

ISBN-13: 978-3-540-60307-8 e-ISBN:978-3-642-61033-2
DOI: 10.1007/978-3-642-61033-2

Springer-Verlag Berlin Heidelberg New York

Dieses Werk ist urheberrechtlich geschützt. Die dadurch begründeten Rechte, insbesondere die der Übersetzung, des Nachdrucks, des Vortrags, der Entnahme von Abbildungen und Tabellen, der Funksendung, der Mikroverfilmung oder der Vervielfältigung auf anderen Wegen und der Speicherung in Datenverarbeitungsanlagen, bleiben, auch bei nur auszugsweiser Verwertung, vorbehalten. Eine Vervielfältigung dieses Werkes oder von Teilen diese Werkes ist auch im Einzelfall nur in den Grenzen der gesetzlichen Bestimmungen des Urheberrechtsgesetzes der Bundesrepublik Deutschland vom 9. September 1965 in der jeweils geltenden Fassung zulässig. Sie ist grundsätzlich vergütungspflichtig. Zuwiderhandlungen unterliegen den Strafbestimmungen des Urheberrechtsgesetzes.

© Springer-Verlag Berlin Heidelberg 1996

Redaktion: Ilse Wittig, Heidelberg
Umschlaggestaltung: Bayerl & Ost, Frankfurt
unter Verwendung einer Illustration von Okapia, Frankfurt
Innengestaltung: Andreas Gösling, Bärbel Wehner, Heidelberg
Herstellung: Andreas Gösling, Heidelberg
Satz: Datenkonvertierung durch Springer-Verlag
Druck: Druckhaus Beltz, Hemsbach
Bindearbeiten: J. Schäffer GmbH & Co. KG, Grünstadt
67/3134 – 5 4 3 2 1 0 – Gedruckt auf säurefreiem Papier

Inhaltsverzeichnis

Vorwort VII

1 Was ist Plankton? 1
Plankton für Nichtplanktologen 1
Wo lebt das Plankton,
und welche Gruppen von Plankton gibt es? 5
Wie wird Plankton untersucht? 8

2 Der Lebensraum des Planktons 12
Thermische Eigenschaften der Gewässer 12
Das Lichtklima der Gewässer 17
Der Salzgehalt des Wassers 22
Die Verteilung der Nährstoffe 25

3 Schweben als Lebensweise 29
Wasser ist ein zähes Medium 29
Sinken und Schweben 31

4 Das Phytoplankton 35
Ernährung und Wachstum des Phytoplanktons 35
Blaualgen 39
Flagellaten 45
Kieselalgen 53
Grünalgen 56

5 Das Zooplankton 59
Die Ernährung des Zooplanktons 59
Vertikalwanderung 65
Planktische Protozoen 69
Rädertiere 73
Krebse 75
Großplankter 83
Meroplanktische Larven 88

6 Bakterio- und Mykoplankton 91
Welche Bedeutung hat das Bakterioplankton? . . 91
Bakterien mit pflanzlichem Stoffwechsel 95
Chemosynthetische Bakterien 98
Heterotrophe Bakterien 100
Mykoplankton 102

7 Das Plankton als Gesamtsystem 124
Nahrungsketten und -netze 124
Der jahreszeitliche Wechsel im Plankton 136
Der Beitrag des Planktons
zu den Stoffkreisläufen 147

8 Plankton und Wasserqualität 157
Eutrophierung 157
Gewässerversauerung 173
Giftalgen 176

Glossar 181

Literatur 191

Sachverzeichnis 193

Vorwort

In diesem Buch geht es darum, Sie in die faszinierende Welt des Planktons einzuführen. Das Plankton ist einerseits die am weitesten verbreitete Organismengemeinschaft der Erde, andererseits sind aber die meisten an der Natur interessierten Menschen damit wesentlich weniger vertraut als mit den Organismen des Landes und mit den Fischen. Plankter gibt es in allen Meeren und Seen sowie in den größeren Fließgewässern. Ihr Lebensraum umfaßt damit mehr als zwei Drittel der Erdoberfläche. Wenn sie dennoch eine für uns eher schwer erfaßbare Existenz führen, so liegt das an der Kleinheit der meisten Plankter. Wir möchten mit unserem Buch Verständnis und Interesse für das Funktionieren der Lebensgemeinschaft des Planktons sowie für seine Rolle in den Ökosystemen der Gewässer erwecken. Die globale Bedeutung der Gewässer, man denke nur an die Fischerei, ist Grund genug, sich mit dem Plankton auseinanderzusetzen. Wir sind aber vor allem davon überzeugt, daß sich am Beispiel des Planktons viele allgemeine Zusammenhänge der Ökologie besonders einfach und einprägsam analysieren, erklären und darstellen lassen.

Ulrich Sommer

1 Was ist Plankton?

In diesem Kapitel werden wir zunächst darstellen, wie das Plankton auch Menschen auffallen kann, die nicht durch das Mikroskop schauen. Danach folgen einige Definitionen und Begriffsklärungen, die für das Verständnis des Buches notwendig sind, sowie eine kurze Darstellung von Untersuchungsmethoden.

Plankton für Nichtplanktologen

Es sind vor allem zwei Aspekte, die das Plankton für Nichtplanktologen auffällig und wichtig machen:

- die Bedeutung der Zooplankter als Nahrung vieler, auch wirtschaftlich wichtiger Fischarten,
- die meistens als nachteilig empfundenen Veränderungen des Erscheinungsbildes des Wassers durch Massenentfaltungen des Phytoplanktons – die Vegetationsfärbungen und Wasserblüten.

Die Zooplankter wurden zunächst als Fischnährtiere bekannt

Fische fressen kleinere Fische. Die kleineren Fische fressen noch kleinere Fische. Diese fressen wiederum Fische, die noch kleiner sind. Irgendwann muß diese Kette jedoch zu Ende sein, da es keine noch kleineren Fische mehr gibt. Tatsächlich sind es nicht nur die allerkleinsten Fische, die etwas anderes, etwas Kleineres als Fische fressen: Selbst einige Riesen unter den Fischen, wie zum Beispiel der Walhai und der Riesenhai, ernähren sich von solchen Kleintieren. Vor allem aber wirtschaftlich bedeutende Schwarmfische wie der Hering ernähren sich von diesen kleinen Futtertieren, die nur wenige Millimeter groß sind. In ihrer Gesamtheit bilden diese Futtertiere das *Zooplankton*.

Am frühesten sind kleine Krebschen aus der Gruppe der Ruderfußkrebse (Copeopoden) und im Süßwasser auch aus der Gruppe der Blattfußkrebse (Cladoceren) als Fischnährtiere bekannt geworden. Vor allem Aquarianer kennen sicherlich den *Wasserfloh (Daphnia),* meistens ohne zu wissen, daß es sich bei diesem Blattfußkrebs auch für viele Limnologen (Ökologen der Binnengewässer) um den Zooplankter schlechthin, jedenfalls aber um eines der am gründlichsten und besten untersuchten Tiere handelt. Auch die ersten großen Planktonexpeditionen des vorigen Jahrhunderts, die in erster Linie dem Zusammenhang zwischen Fischreichtum und Zooplanktonvorkommen in den Meeren galten, konzentrierten sich auf die planktischen Krebse, im Meer allerdings auf die Ruderfußkrebse. Inzwischen ist jedoch klar geworden, daß neben den Krebsen noch eine Reihe anderer Gruppen des Tierreichs im Plankton vertreten sind. Man versuchte bei der Erforschung immer kleinere Organismen erst zu entdecken und danach auch ihre Bedeutung für die Funktion der Ökosysteme im Wasser zu erkennen.

Was fressen diese Fischnährtiere aber selbst? Nur ein Teil der Zooplankter frißt andere, meistens kleinere Zooplankter. Sie sind sozusagen die »Raubtiere« innerhalb des Planktons. So wie es am Land nicht nur Raubtiere geben kann, sondern auch Pflanzenfresser geben muß, gibt es auch Zooplankter, die sich von den »Pflanzen« innerhalb des Planktons ernähren. Diese planktischen »Pflanzen« bilden das *Phytoplankton*. Es handelt sich dabei um meistens mikroskopisch kleine Algen und Blaualgen, wobei die Blaualgen nach heutigen systematischen Auffassungen keine Algen, sondern Bakterien sind. Die Phytoplankter ihrerseits benötigen keine Futterorganismen. Sie sind wie die Pflanzen auf dem Lande Primärproduzenten, die ihre Körpersubstanz aus anorganischen Bestandteilen aufbauen und dafür die Energie des Sonnenlichts nutzen.

Das Phytoplankton fällt vor allem bei Massenentfaltungen auf

Wer fischreiche Meeresgebiete, etwa den Nordatlantik oder die Auftriebszonen an den Südwesträndern der Kontinente betrachtet, wie z.B. den Humboldtstrom in Südamerika, erkennt, daß hier die Farbe des Wassers anders ist als in den fischarmen, tropischen Meeren. Die für ihren Fischreichtum berühmten Meereszonen haben ein olivgrünlich bis braun gefärbtes Wasser, während das Blau der tropischen Meere unter Fischereibiologen schon immer als »die Wüstenfarbe der Ozeane« gilt. Einen ähnlichen Farbunterschied kann man zwischen den »sauberen« Seen der Gebirge und stromaufwärts von Siedlungs- und Landwirtschaftsgebieten und den »verschmutzten« Seen im Flachland sowie stromabwärts von Siedlungs- und Landwirtschaftszonen feststellen. Auch hier zeigt die »Wüstenfarbe« Blau geringe Phytoplanktondichten an, während sich große Phytoplanktonbestände in einer *Vegetationsfärbung* des Gewässers äußern. Je nach der Artenzusammensetzung kann diese Vegetationsfärbung grün, braun oder rötlich sein. Eine braune Färbung kann allerdings auch durch gelöste Humussubstanzen verursacht werden.

Noch auffälliger als Vegetationsfärbungen sind *Oberflächenblüten*. Sie entstehen dann, wenn Phytoplankter, die leichter als Wasser sind (meistens Blaualgen), an die Oberfläche auftreiben und dort einen mit freiem Auge erkennbaren Belag bilden. Bei Wind kann dieser Belag auf Steinen, Bootsstegen, Uferbefestigungen usw. auf der Leeseite angetrieben werden und beim Trokkenfallen absterben und verrotten und dabei zu Geruchsbelästigungen führen.

Häufig werden diese Massenentfaltungen des Phytoplanktons mit »Verschmutzung« gleichgesetzt, obwohl dies zumindest eine grobe Vereinfachung ist (Details s. Kap. 8). Phytoplanktonreichtum zeigt zunächst einmal günstige Wachstumsbedingungen für Phytoplankter an, darunter auch ein reiches Angebot an Pflanzennährstoffen wie Stickstoff und Phosphor. Der Nährstoffreichtum kann natürliche Ursachen haben, er kann aber auch aus den Abwässern menschlicher Siedlungen und der Landwirtschaft resultieren. Diese durch den Menschen verursachte Nährstoffanreicherung wird als *Eutrophierung* bezeichnet. Sie ist im Grunde eine unbeabsichtigte Düngung und daher grundsätzlich von einer Belastung durch Schadstoffe wie Schwermetalle und Pflanzenschutzmittel zu unterscheiden. Dennoch führt die Eutrophierung nicht nur zu einer höheren Fruchtbarkeit eines Gewässers, sondern auch zu einer Reihe von unerwünschten Folgen und wird daher zu Recht als Umweltproblem angesehen.

Wo lebt das Plankton, und welche Gruppen von Plankton gibt es?

Das freie Wasser ist der Lebensraum des Planktons

In Meeren und Seen werden zwei hauptsächliche Lebensräume unterschieden:

- die Zone des freien Wassers, das *Pelagial* und
- der Gewässerboden bzw. -rand, das *Benthal*.

Horizontale Gliederung der Freiwasserzone

Es ist üblich, in der Freiwasserzone der Meere einen *neritischen* und einen *ozeanischen* Bereich zu unterscheiden. Der neritische Bereich liegt über den Kontinentalsockeln und hat nur selten eine Tiefe von mehr als 200 m. Der ozeanische Bereich liegt außerhalb der Kontinentalsockel und bedeckt die großen Becken der Meere und Ozeane. Manche Randmeere wie die Nord- und Ostsee verfügen ausschließlich über einen neritischen Bereich.

Vertikale Gliederung der Freiwasserzone

Die konventionelle Vertikaleinteilung des marinen Pelagials beginnt mit dem *Epipelagial* (0–200 m Tiefe), das die horizontale Fortsetzung des neritischen Bereichs darstellt. Unter günstigen Bedingungen (klares Wasser) entspricht seine Untergrenze auch der maximalen Tiefe, in der das Licht noch für die Photosynthese der Phytoplankter ausreicht. Darunter schließen des *Mesopelagial* (200–1000 m), das *Bathypelagial* (1000–5000 m) und das *Abyssopelagial* (> 5000 m) an.

Sinnvoller als diese rein formale Einteilung, sind Gliederungen, die von funktionell wichtigen physikalischen Zonierungen ausgehen: der *Temperatur-* und *Dich-*

teschichtung und dem vertikalen *Lichtgradienten*. Die physikalische Zonierung wird im nächsten Kapitel ausführlicher behandelt werden.

Das Plankton umfaßt die Gesamtheit der in der Freiwasserzone »schwebenden« Organismen

Es gibt zwei große Gruppen von Organismen:

- die »schwimmenden« Organismen des *Nektons* und
- die »schwebenden« Organismen des *Planktons*.

Das Nekton umfaßt überwiegend Fische, Meeressäuger und Tintenfische, während das Plankton eine Vielzahl von meistens kleineren Organismen aus fast allen systematischen Gruppen umfaßt. Es gibt allerdings auch sehr große Plankter, z.B. Quallen.

Der Unterschied zwischen »Schwimmen« und »Schweben« ist allerdings nur relativ. Fast alle Zooplankter und viele Phytoplankter sind durchaus in der Lage zu schwimmen, d.h. sich aktiv im Wasser zu bewegen. Ihre Schwimmgeschwindigkeiten reichen jedoch nicht aus, sich gegen Wasserströmungen zu bewegen. Sie werden daher im Gegensatz zu den Organismen des Nektons vom Wasser umhergetrieben. Da Wasserströmungen verschieden stark sein können, ist die Grenze zwischen »schwimmen« und »schweben« natürlich unscharf.

Plankton ist ein Sammelbegriff, der eine Vielzahl von Organismen umfaßt, während das einzelne Individuum Plankter heißt. Die Zugehörigkeit zu Untereinheiten wird durch zusammengesetzte Begriffe zum Ausdruck gebracht.

Einteilung nach dem Lebenszyklus
Holoplankton: Organismen, die ihren gesamten Lebenszyklus als Plankter verbringen.
Meroplankton: Organismen, die nur einen Teil ihres Lebenszyklus im Plankton verbringen, meistens planktische Larvenstadien von Tieren des Gewässerbodens (Benthos).
Tychoplankton: Organismen, die eigentlich dem Gewässerboden angehören und nur gelegentlich, bei starkem Wind in die Freiwasserzone aufgewirbelt werden.

Einteilung nach Ernährungsmodus und systematischer Stellung
Phytoplankton: »Pflanzliches« Plankton, das organische Substanzen durch den pflanzlichen, d.h. sauerstoffbildenden Typ der Photosynthese aufbaut, umfaßt Blaualgen (Cyanobakterien) und pflanzliche Algen.
Zooplankton: »Tierisches« Plankton, das sich durch Fressen anderer Organismen ernährt, umfaßt Protozoen und mehrzellige Tiere.
Bakterioplankton: Bakterien des Planktons ohne Blaualgen, umfaßt eine Vielzahl verschiedener Ernährungstypen.
Mykoplankton: Planktische Pilze.

Einteilung nach der Größe
Femtoplankton: < 0,2 µm; enthält keine Organismen im eigentlichen Sinn, sondern nur Viren und Phagen.
Picoplankton: 0,2–2 µm; Bakterien, kleinste Phytoplankter und Protozoen.
Nanoplankton: 2–20 µm; Phytoplankter, Protozoen, große Bakterien.

Mikroplankton: 20–200 µm; große Phytoplankter und Protozoen, kleinste mehrzellige Zooplankter.
Mesoplankton: 200 µm–2 mm; größte Einzeller, Phytoplanktonkolonien, viele Zooplankter.
Makroplankton: 2–20 mm; extrem große Phytoplanktonkolonien, große Zooplankter.
Megaplankton: > 20 mm; größte Zooplankter (z.B. Quallen).

Wie wird Plankton untersucht?

Wer einen Tropfen Wasser aus einem See oder Meer nimmt, um ihn direkt im Mikroskop nach Planktern zu durchsuchen, wird in der Regel enttäuscht sein. Er wird nichts finden. Das Plankton ist normalerweise nicht dicht genug, als daß man in der geringen Wassermenge unter dem Mikroskop noch viel finden könnte. Vor der Untersuchung muß das Plankton also in der Regel verdichtet werden.

Die älteste Methode der Probennahme sind konische Planktonnetze (Abb. 1) aus feinmaschiger Gaze, die durch das Wasser gezogen werden. Plankter, die größer als die Maschenweite der Gaze sind, werden aufgefangen und gegenüber ihrer natürlichen Konzentration verdichtet. Die damit erfaßten Plankter werden als Netzplankton bezeichnet. Seine untere Größengrenze hängt von der Maschenweite der verwendeten Gaze ab. Die feinsten erhältlichen Gazen haben eine Maschenweite von 5 µm. Sie eignen sich jedoch nur schlecht für Planktonnetze, da sie schnell verkleben und undurchlässig werden. In der Praxis benutzt man Maschenweiten von 20, 30 und 63 µm. Wer gezielt nur größere Plankter sucht, kann auch grobmaschigere Netze verwenden. Je größer die Ma-

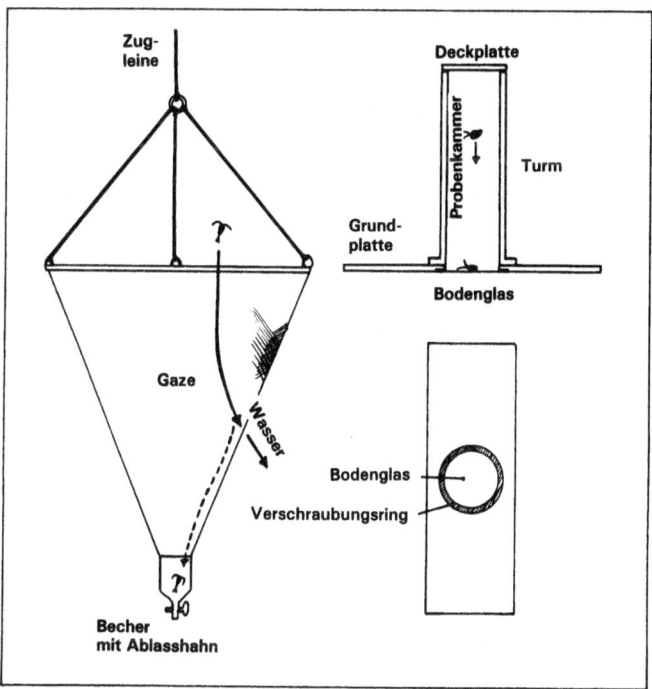

Abb. 1. Die klassischen Methoden der Planktonuntersuchung. *Links* Partikel, die größer als die Maschenweite der Gaze sind, sammeln sich im Becher, wenn das Netz durch das Wasser gezogen wird. *Rechts oben* Längsschnitt durch eine zusammengesetzte Planktonkammer. Durch Türme verschiedener Größe können Proben bis zu 100 ml erreicht werden. Fixierte Plankter sinken auf das Bodenglas ab. *Rechts unten* Aufsicht auf die Grundplatte der Planktonkammer.

schenweite, um so schneller kann ein großes Wasservolumen »abgefischt« werden.

Für Nanoplankter, die mit Planktonnetzen nicht erfaßt werden können, hat sich die von dem Meeresbiologen Lohmann eingeführte und dem Limnologen Utermöhl perfektionierte *Sedimentationsmethode* bewährt. Dazu werden fixierte Planktonproben in zylindrische Kammern eingefüllt, deren Bodenplatte Deckglasstärke hat. Zur Fixierung eignet sich besonders Lugol-Lösung aus Jod und Kaliumjodid, die die Plankter schwerer macht und so deren Sinken beschleunigt. Wenn sich alle Plankter auf den Boden der Kammer abgesetzt haben, können sie in einem *Umkehrmikroskop* untersucht werden. Das ist ein Mikroskop, bei dem das Objektiv von unten auf das Objekt gerichtet ist. Sedimentationskammern haben bis zu 100 ml Volumen. Plankter, die seltener als 10 Individuen pro Liter sind, können mit dieser Methode also nicht entdeckt werden.

Lohmann und Utermöhl dachten noch, man könnte mit ihrer Methode den vollständigen Gehalt des Wassers an Plankton erfassen. Inzwischen hat sich jedoch herausgestellt, daß Picoplankter zu langsam absinken, um in Sedimentationskammern vollständig erfaßt zu werden. Zudem kann bei Organismen von 1 µm oder noch weniger im normalen Durchlichtmikroskop nicht einmal erkannt werden, ob sie durch Chlorophyll gefärbt sind oder nicht. Seit etwa zwanzig Jahren werden derartig kleine Plankter mit Hilfe der Fluoreszenzmikroskopie untersucht. Dafür wird eine Wasserprobe durch ein engporiges Filter von 0,1 bis 0,5 µm Porenweite filtriert. Das Filter wird dann im Mikroskop von oben mit kurzwelligem Licht (UV- oder Blaulicht) bestrahlt. Partikel, die in diesem Licht fluoreszieren, leuchten auf und heben sich so vom dunklen Hintergrund ab. Phytoplankter müssen nicht extra gefärbt werden, da das Chlorophyll vom kurzwelligen Licht zu roter Fluoreszenz angeregt wird. Bakterien und Protozoen werden mit Farbstoffen gefärbt, die sich an Zellbestandteile, meistens an die DNA binden, und ebenfalls fluoreszieren. Da sich die engporigen Filter schnell zusetzen, können nur sehr kleine Proben von wenigen Millilitern untersucht werden.

2 Der Lebensraum des Planktons

Man kann Form und Funktion von Organismen nicht verstehen, wenn man keine Vorstellung von den wichtigsten physikalischen, chemischen und biologischen Eigenschaften ihrer Umwelt hat. Auch wenn es mittlerweile unbestritten ist, daß auch die physikalischen und chemischen Eigenschaften der Umwelt von den Organismen beeinflußt bzw. sogar gestaltet werden, ist es doch am einfachsten, zunächst mit ihrer Darstellung zu beginnen und die Rückwirkungen der Organismen auf die unbelebten Bestandteile ihrer Umwelt erst nach der Darstellung der Organismen und der Grundzüge ihrer Physiologie zu behandeln.

Thermische Eigenschaften der Gewässer

Wasser ist eine thermisch träge Flüssigkeit

Es dauert lange, Wasser zu erwärmen oder abzukühlen. Das gilt besonders im Vergleich zur Luft, aber auch im Vergleich zu fast allen anderen Flüssigkeiten. Deshalb hinken die Temperaturen eines Gewässers bei der Erwärmung im Frühjahr und bei der Abkühlung im

Herbst hinter den Lufttemperaturen in der Umgebung her. Diese Verzögerung ist um so ausgeprägter, je größer das Gewässer ist. Große Gewässer wirken sogar dämpfend auf das Klima ihrer Umgebung. Das sieht man zum Beispiel daran, daß ein maritim beeinflußtes Klima niedrigere Sommertemperaturen und höhere Wintertemperaturen als ein kontinentales Klima derselben geographischen Breite hat. Selbst bei großen Seen kann man bereits einen dämpfenden Einfluß auf das Umgebungsklima feststellen.

Die thermische Trägheit der Gewässer bewirkt, daß Plankter im Vergleich zu den Organismen des Landes einen thermisch äußerst gemäßigten Lebensraum haben. Sie müssen weder ausgeprägte Extremwerte noch schnelle Schwankungen der Temperatur ertragen. Die Temperaturtoleranz spielt daher nur eine geringe Rolle in der Erklärung ihrer geographischen Verbreitung, ganz im Gegensatz zu den Landorganismen.

Wodurch unterscheidet sich Süßwasser von Salzwasser?

Reines Wasser ist bei 4° C am schwersten. Sowohl kälteres als auch wärmeres Wasser sind leichter. Dieses Verhalten wird als *Dichteanomalie* bezeichnet. Diese Dichteanomalie tritt bei Süßwasser und bei Brackwasser bis zu einem Salzgehalt von 2,74 % (70 % der durchschnittlichen Meereswasserkonzentration) auf. Salzreicheres Wasser hat keine Dichteanomalie. Es ist unmittelbar vor dem Gefrieren am schwersten.

In der warmen Jahreszeit baut sich in Gewässern eine charakteristische Schichtung der Temperatur auf

Ein sommerliches Vertikalprofil der Temperatur hat einen typischen Stockwerksbau (Abb. 2).

Oberflächenschicht (in Seen auch *Epilimnion*)

Die oberflächennahe Schicht besteht aus warmem Wasser geringer Dichte. Ihre Mächtigkeit beträgt in Seen einige Meter (in sehr großen Seen auch mehr) und im Meer etwa 10 bis 100 m. Innerhalb dieser Schicht kann der Wind das Wasser durchmischen und dafür sorgen, daß die von der Sonne eingestrahlte Wärme auf das gesamte Oberflächenwasser verteilt wird. An windrei-

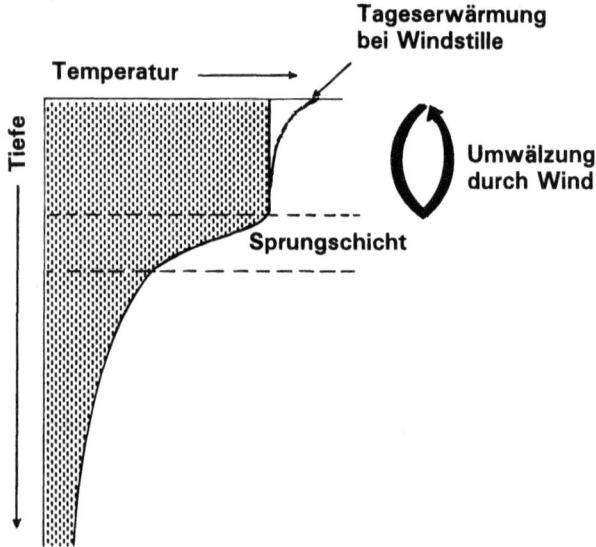

Abb. 2. Grundtypus der thermischen Schichtung in der warmen Jahreszeit.

chen Tagen oder an Tagen ohne Tageserwärmung sind die Temperaturen der Oberflächenschicht homogen. An windstillen Tagen mit Sonneneinstrahlung erwärmt sich die Oberfläche, ohne daß die unteren Abschnitte der Oberflächenschicht im selben Maß mit erwärmt werden.

Sprungschicht *(Thermokline,* in Seen auch *Metalimnion)*

Unterhalb der Oberflächenschicht nehmen die Temperaturen schlagartig mit der Tiefe ab. Innerhalb dieser Sprungschicht herrschen große Dichteunterschiede von Meter zu Meter. Daraus resultiert eine hohe Stabilität, d.h. eine Durchmischung des leichten Wassers oberhalb und des schweren Wassers unterhalb benötigt viel Energie (Windenergie). Partikel, die einmal in die Sprungschicht eingesunken sind, können nur noch weiter sinken und werden nicht mehr durch Wasserbewegungen nach oben verfrachtet.

Tiefenschicht (in Seen auch *Hypolimnion)*

Unterhalb der Sprungschicht nehmen die Temperaturen wieder langsamer mit der Tiefe ab. Das Tiefenwasser wird durch die Sprungschicht vom Austausch mit der Atmosphäre abgeschnitten.

Permanente Thermokline

In den großen Ozeanen gibt es unterhalb der Sommerthermokline noch eine permanente Thermokline, die dadurch entsteht, daß extrem kaltes Wasser polarer Herkunft sich unter die Wassermassen mittlerer Tiefen schiebt.

In der kalten Jahreszeit kommt es zur vertikalen Zirkulation des Wassers

Vollzirkulation

Wenn die Oberflächenschicht im Herbst oder Winter soweit abkühlt, daß sich die Temperatur dem kalten Tiefenwasser angleicht und somit das Wasser von oben bis unten die gleiche Dichte hat, kann der Wind eine vollständige Durchmischung des Gewässers bewirken. Dadurch kommt auch das Tiefenwasser wieder in Kontakt mit der Atmosphäre und kann z.B. Sauerstoff aufnehmen. Wenn die Durchmischung bis zum Grund des Gewässers reicht, spricht man von einer Vollzirkulation.

Teilzirkulation

Nicht immer reicht die Zirkulation bis zum Gewässergrund. In den gemäßigten und warmen Ozeanen liegt das daran, daß die winterliche Abkühlung nicht bis zu den Temperaturen unterhalb der permanenten Thermokline reicht. In kleineren Seen kann es daran liegen, daß die Windexposition unzureichend ist. Wenn das Tiefenwasser durch erhöhte Salzkonzentrationen so schwer ist, daß das Oberflächenwasser durch die Abkühlung nicht dieselbe Dichte erreichen kann, kommt es ebenfalls zu keiner Vollzirkulation. Das trifft auf viele Seen, aber auch auf das Schwarze Meer zu.

Der jahreszeitliche Wechsel von Schichtung und Zirkulation ist das entscheidende Grundmuster der Saisonalität für Plankter. Es gibt folgende Grundtypen:

- Wenn es nach der *Herbstzirkulation* zu einer weiteren Abkühlung und zur Ausbildung einer Eisdecke kommt, ist die Zirkulation der Wassermassen während der *Winterschichtung* unterbrochen. Nach der Eisschmelze, kommt es zu einer zweiten, der *Früh-*

jahrszirkulation. Der *dimiktische* Zirkulationstyp (zwei Vollzirkulationen pro Jahr) ist für kaltgemäßigte Seen und kalte Meere typisch.

Ohne Eisbildung im Winter gibt es eine einheitliche Durchmischungsperiode, die *Winterzirkulation.* Dieser *monomiktische* Zirkulationstyp bildet sich vor allem im warm-gemäßigten und im subtropischen Klima aus.

Im kalten Klima reicht die sommerliche Erwärmung nur zur Eisschmelze, aber nicht zum Aufbau einer thermischen Schichtung. Beim *kalt-monomiktischen* Typus gibt es also nur eine Durchmischungsperiode, und zwar im Sommer.

Völlig ohne Durchmischung *(amiktisch)* sind Seen in polaren Gebieten mit einer permanenten Eisdecke.

Viele, oft tägliche Zirkulationen sind für für tropische Seen charakteristisch, in denen die Tagesschwankungen der Temperatur die Jahresschwankungen überschreiten: Zirkulation bei nächtlicher Abkühlung, Schichtung bei Tageserwärmung. In Flachseen bildet sich der *polymiktische* Typ unabhängig vom Klima aus, da bereits geringe Windstärken ausreichen, den Aufbau einer Schichtung zu verhindern bzw. eine unter Windstille aufgebaute Schichtung zu zerstören.

Das Lichtklima der Gewässer

Wer schon getaucht ist, kennt aus eigener Erfahrung drei grundlegende Merkmale des Lichtklimas im Wasser: Je tiefer man taucht, um so dunkler wird es. Je größer die Tiefe, um so mehr herrschen blaue oder grüne

Farbtöne vor. Außerdem ist die Sichtweite wesentlich geringer als auf dem Lande.

Die vertikale Lichtabnahme ist entscheidend für die biologische Zonierung der Gewässer

Abnahme der Lichtintensität

Mit der Tiefe erfolgt die Abnahme des Lichtes durch die Absorption des Lichtes durch das Wasser und seine gelösten und partikulären Inhaltsstoffe sowie durch Beugung an den fein verteilten Partikeln, die die Wegstrecke der Lichtstrahlen im Wasser verlängert und so die Absorption erhöht. Insgesamt wird die Abnahme der Lichtintensität als *Attenuation* bezeichnet. Die Lichtabnahme kann man folgendermaßen berechnen: Wenn in einem Meter Tiefe nur mehr die Hälfte der Oberflächenintensität gemessen wird, so wird in zwei Metern nur mehr etwa ein Viertel gemessen, in drei Metern nur mehr ein Achtel usw. (Abb. 3).

Die wichtigste vertikale Grenze im Lichtgradienten ist die Tiefe, in der noch ca. 1 % des Oberflächenlichts ankommen, der untere Rand der oberflächennahen Schicht, der *euphotischen Zone*. Bis dorthin können die Phytoplankter noch Photosynthese betreiben und damit Sauerstoff bilden. Die Mächtigkeit der oberflächennahen Schicht beträgt in den klarsten ozeanischen Gewässern maximal 200 m, in klaren Seen höchstens 50 m, in planktonreichen Gewässern jedoch oft nur wenige Meter oder gar Dezimeter.

Unterhalb der oberflächennahen Schicht, in der dunklen *(aphotischen)* Tiefenzone, reicht das Licht nicht zur Freisetzung von Sauerstoff durch die Phytoplankter aus. Die biologischen Prozesse in der dunklen Tiefenzone zehren Sauerstoff und führen zu einer Abnahme der Kon-

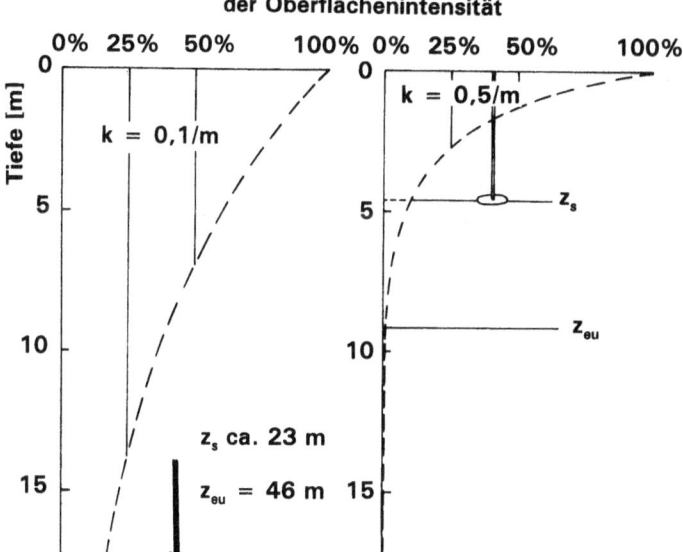

Abb. 3. Vertikales Lichtprofil in einem klaren (Attenuationskoeffizient $k = 0{,}1/m$) und einem mäßig trüben ($k = 0{,}5/m$) Gewässer; z_s Sichttiefe, z_{eu} euphotische Tiefe.

zentration, solange die thermische Schichtung keine Nachlieferung aus der Atmosphäre erlaubt. Dennoch sind die oberen Abschnitte der dunklen Tiefenzone nicht vollkommen lichtlos. Um von tierischen Sinnesorganen wahrgenommen zu werden, genügen bereits Lichtintensitäten von weniger als einem Milliardstel der Oberflächeneinstrahlung an einem sonnigen Tag.

Sichttiefe

Eine einfache, aber dennoch sehr zuverlässige Charakterisierung der optischen Verhältnisse im Gewässer gelingt durch die Bestimmung der Sichttiefe mit der Secchi-Scheibe. Das ist eine weiße Scheibe, die solange ins

Wasser herabgelassen wird, bis sie nicht mehr erkannt werden kann. Die Sichttiefe beträgt etwa ein Drittel bis die Hälfte der oberflächennahen Schicht.

Das Lichtklima wird durch das Phytoplankton mitbestimmt

Das Phytoplankton hängt nicht nur vom Lichtangebot im Wasser ab, es nimmt auch starken Einfluß auf das Lichtklima im Gewässer. Meistens geht ein großer Teil der vertikalen Lichtattenuation auf die Absorption durch die Pigmente des Phytoplanktons, insbesondere das Chlorophyll, zurück. Je mehr Phytoplankton im Wasser verteilt ist, desto stärker nimmt das Licht im Vertikalprofil ab. Viel Phytoplankton in der Nähe der Oberfläche bedeutet daher schlechte Lebensbedingungen für das Phytoplankton in der Tiefe.

Im mäßig planktonreichen Bodensee beträgt die Chlorophyllkonzentration während des Phytoplanktonminimums im Winter ca. 0,3 mg/m^3, das Wasser ist klar, die Sichttiefe beträgt ca. 10 bis 12 m und die oberflächennahe Schicht ist 20 bis 25 m dick. Während des Frühjahrsmaximums des Phytoplanktons wird das Wasser ausschließlich durch das Phytoplankton trüb. Die Chlorophyllkonzentration beträgt etwa 30 mg/m^3, die Sichttiefe sinkt auf 2 bis 3 m ab und die euphotische Tiefe auf 5 bis 6 m.

Spektrale Verschiebung

Reines Wasser ist für Blaulicht am durchlässigsten. Deswegen findet in zunehmender Tiefe eine Einengung des Lichtspektrums auf den blauen Wellenlängenbereich

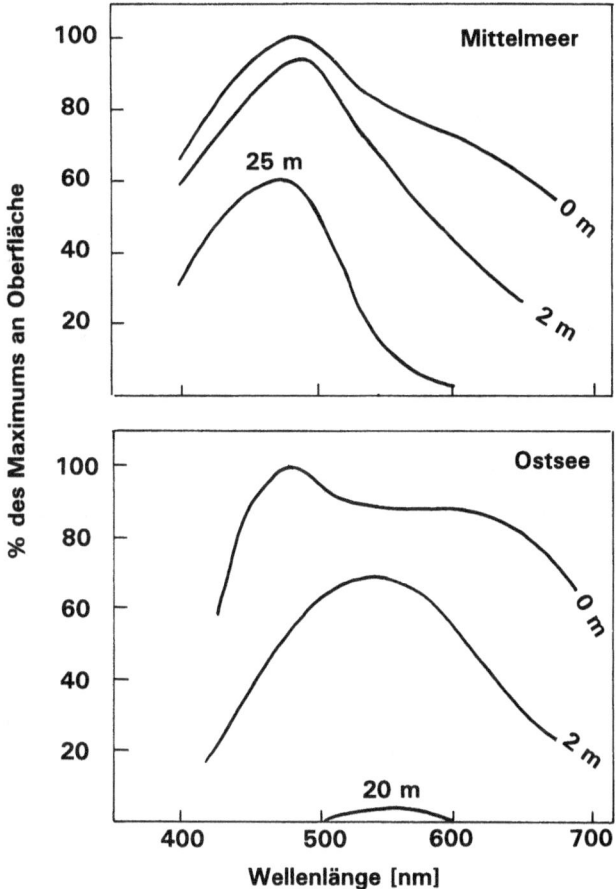

Abb. 4. Spektrale Lichtdurchlässigkeit des Wassers (Prozent des Maximalwertes der Oberflächenintensität) in der planktonreichen Ostsee und im planktonarmen östlichen Mittelmeer.

statt. Wenn das Lichtklima jedoch vom Phytoplankton bestimmt wird, schränkt sich das Spektrum auf diejenigen Wellenlängen ein, für die die vorherrschenden Pigmente am durchlässigsten sind. Beim Chlorophyll ist das der grüne Bereich (Abb. 4).

Der Salzgehalt des Wassers

Die Zusammensetzung des Meerwassers ist relativ konstant, die der Süßwasser jedoch nicht

Der Gesamtgehalt an gelösten Salzen wird als Salinität bezeichnet. Sie beträgt für offene Meere im Mittelwert ca. 35 g/l (3,5 %), mit Maximalwerten von ca. 3,9 % im östlichen Mittelmeer und Minimalwerten von 3,2 % im Nördlichen Eismeer. Wasser mit weniger als 2,8 % Salinität wie z.B. in der Ostsee wird als Brackwasser bezeichnet. Binnengewässer haben im weltweiten Durchschnitt eine Salinität von 120 mg/l, wobei einzelne Gewässer jedoch stark davon abweichen können. Manche Salzseen sind sogar salzreicher als das Meer.

Meersalz

Die relative Zusammensetzung des Meersalzes ist sehr konstant, wobei das Kochsalz (Natriumchlorid, NaCl) mit Abstand das wichtigste unter den gelösten Salzen ist. Unter den positiv geladenen Kationen überwiegt daher bei weitem das Natrium (1,056 Gewichtsprozent im durchschnittlichen Meerwasser), dann folgen das Magnesium (0,127 %), das Kalzium (0,04 %) und das Kalium (0,038 %). Unter den negativ geladenen Anionen überwiegt das Chlorid (1,898 %), danach folgen das Sulfat (0,2649 %) und das Bikarbonat (0,014 %). Meereswasser ist leicht basisch, der pH-Wert beträgt bei freiem Zutritt von Kohlendioxid aus der Atmosphäre etwa 8,2 bis 8,3 (der Neutralpunkt liegt bei 7, ein pH-Wert von 14 ist extrem basisch, ein pH-Wert von 0 extrem sauer). Sehr intensive Photosynthese kann den ph-Wert kurzfristig bis auf 8,5 steigern.

Süßwasser

Die Quelle des Süßwassers ist immer der Regen. Regenwasser ist extrem stark verdünntem (ca. 5000fach) Meerwasser ähnlich, zusätzlich nimmt es in industriell beeinflußten Gebieten aus der Atmosphäre Gase wie Schwefeldioxid oder Stickoxide auf, die zum »sauren Regen« führen. Durch die Verwitterung von Gesteinen werden zusätzliche Ionen aufgenommen, so daß die Zusammensetzung des Süßwassers aus den Wechselbeziehungen zwischen Niederschlag und Verwitterung im Einzugsgebiet eines Gewässers abhängt.

Weichwasser

Weichwasser ist noch stark von der Zusammensetzung des Regenwassers bestimmt und entsteht bei hohen Niederschlägen bzw. in Gebieten mit verwitterungsresistenten Gesteinen (z.B. Granit). Der Salzgehalt ist sehr niedrig (< 50 mg/l). Unter den Anionen dominiert das Chlorid vor dem Sulfat und dem Bikarbonat. Bei den Kationen gilt die Rangfolge Kalzium > Natrium > Magnesium > Kalium. Weichwasser reagiert auf bestimmte chemische Veränderungen mit starken Änderungen des pH-Werts. Werden dem Weichwasser Kohlendioxid (aus der Atmung) oder saure Niederschläge zugeführt, wird es saurer (pH-Abnahme), wird ihm durch die Photosynthese Kohlendioxid entzogen, wird es basischer (pH-Zunahme). Es ist also gegen ph-Änderungen nur schwach »gepuffert«.

Hartwasser

Hartwasser entsteht bei mäßigem Niederschlag und leicht verwitternden Gesteinen (z.B. Kalk). Das wichtigste Anion ist das Bikarbonat, gefolgt von Sulfat und Chlorid. Unter den Kationen gilt die Rangfolge Kalzium > Magnesium > Natrium > Kalium. Hartwässer sind im Gegensatz zu Weichwässern stark gegen pH-Schwankungen gepuffert.

Die Salzwasser-Süßwasser-Grenze ist eine der wichtigsten Verbreitungsgrenzen in der Natur

Meeresplankter haben in ihren Körperflüssigkeiten denselben Salzgehalt wie das sie umgebende Wasser. Da der Salzgehalt des Meeres konstant ist, müssen sie auch nicht an Schwankungen angepaßt sein.

Bei *Süßwasserplanktern* ist hingegen der Salzgehalt der Körperflüssigkeiten wesentlich höher als der Salzgehalt des Wassers. Deshalb dringt permanent Wasser durch die halbdurchlässigen Membranen ein, um den Konzentrationsunterschied auszugleichen *(Osmose)*. Das Wasser muß jedoch wieder ausgeschieden werden, um ein unzulässiges Aufquellen zu vermeiden und um die Konzentration der Körpersäfte aufrecht zu erhalten.(Osmoregulation).

Plankter in hochkonzentrierten Salzseen, z.B der Salinenkrebs *Artemia salina* haben das umgekehrte Problem. Ihre Körperflüssigkeiten sind weniger konzentriert als das Umgebungswasser. Sie verlieren permanent Wasser durch ihre Membranen und müssen zum Ausgleich trinken. Dadurch nehmen sie auch gelöste Ionen mit auf, die aber wieder ausgeschieden werden müssen, um den gegenüber der Umgebung niedrigeren Salzgehalt aufrecht zu erhalten.

Die Verteilung der Nährstoffe

Die Biomasse aller Organismen besteht im wesentlichen aus denselben Elementen

Als »klassische Nährelemente« im Sinne von Liebig gelten dabei Kohlenstoff, Wasserstoff, Sauerstoff, Stickstoff, Schwefel, Phosphor, Kalzium, Magnesium, Kalium und Chlor. Über 90 % der organischen Masse werden von den drei Elementen Kohlenstoff, Sauerstoff und Wasserstoff gebildet. Natrium ist zwar wegen seiner Häufigkeit in der Umwelt auch in nennenswerter Menge in der Körpersubstanz vorhanden, gilt aber nicht als Nährelement. Neben den klassischen Nährelementen werden noch geringe Mengen von Spurenelementen wie Eisen, Mangan, Kupfer, Zink, Kobalt, Molybdän, Bor und Selen benötigt. Silizium ist für die meisten Organismen ein Spurenelement, verkieselte Organismen – im Plankton Kieselalgen, Silikoflagellaten und Radiolarien – benötigen jedoch große Mengen davon. Interessanterweise ist das Aluminium, obwohl eines der häufigsten Elemente der Erdkruste, kein biogenes Element.

Wo viel Phytoplankton wächst, sinken die Konzentrationen gelöster Nährstoffe

Während Zooplankter ihre Nährelemente aus dem Futter beziehen, müssen die Phytoplankter sie dem Wasser entnehmen. Dadurch kommt es zu einer Verarmung der gelösten Nährelemente. Bei einigen Nährelementen wie Kalzium, Kalium, Chlor und Schwefel sind die Konzentrationen im Wasser jedoch so hoch, daß sich die Zehrung durch das Phytoplankton kaum feststellen läßt. Einige Nährelemente werden aber so stark gezehrt, daß

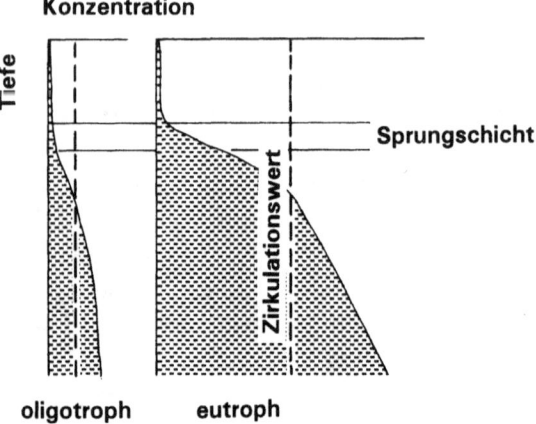

Abb. 5. Sommerliches Vertikalprofil der gelösten Nährstoffkonzentrationen in einem nährstoffarmen (oligotrophen) und einem nährstoffreichen (eutrophen) Gewässer. *Vertikale, unterbrochene Linie* Konzentration zur winterlichen Vollzirkulation.

es während der Vegetationsperiode zu ausgeprägten Konzentrationsminima in der oberflächennahen Schicht kommt. Zu diesen Elementen gehören Phosphor und Stickstoff und während der Wachstumsperiode der Kieselalgen auch das Silizium.

Das typische *Vertikalprofil* eines vom Phytoplankton stark gezehrten Nährstoffes sieht so aus: In der Oberflächenschicht sind die Konzentrationen wegen der Zehrung durch die Phytoplankter niedrig, manchmal sogar unterhalb der Nachweisgrenze und wegen der vertikalen Durchmischung relativ einheitlich. Liegen die Sprungschicht und der obere Abschnitt der Tiefenschicht noch innerhalb der oberflächennahen Schicht, sind auch hier herabgesetzte Konzentrationen zu erwarten. Unterhalb der oberflächennahen Schicht nehmen die Konzentrationen zu, da einerseits keine Zehrung stattfindet, andererseits aber aus den von oben herabsinkenden Planktonresten beim Absterben Nährstoffe freigesetzt werden (Abb. 5). Die vertikale Durchmischung nach dem Ende der Vegetationsperiode sorgt wieder für eine Gleichverteilung der Nährstoffe und stellt damit die Ausgangssituation für die nächste Vegetationsperiode her. In nährstoffreichen *(eutrophischen)* Gewässern sind diese Ausgangskonzentrationen hoch, es kann sich also viel Phytoplankton entwickeln und die vertikalen Konzentrationsunterschiede im Sommerprofil der gelösten Nährstoffe sind stark ausgeprägt. In nährstoffarmen (oligotrophen) Gewässern sind die Ausgangskonzentrationen niedrig, es kann sich nur wenig Phytoplankton entwickeln und das Sommerprofil der gelösten Nährstoffe ist eher flach.

Die vertikale Verteilung des Sauerstoffs ist der Verteilung der Nährstoffe entgegengesetzt

Umgekehrt verhält sich der Sauerstoff. Er ist zwar auch Bestandteil der Biomasse der Phytoplankter, der Aufbau geht jedoch nicht zu Lasten des im Wasser gelösten Sauerstoffs. Ganz im Gegenteil: Bei der *Photosynthese* wird das Wassermolekül gespalten und Sauerstoff freigesetzt, während der Sauerstoff in der organischen Substanz dem CO_2-Molekül entstammt. Die höchsten Sauerstoffkonzentrationen treten daher dort auf, wo die Lichtverhältnisse optimal für die Photosynthese der Phytoplankter sind.

Andererseits verbraucht die *Atmung* aller im sauerstoffhaltigen Milieu lebenden (aeroben) Organismen Sauerstoff. Wo zu wenig Licht für die Photosynthese herrscht, sinkt also die Sauerstoffkonzentration ab. Wenn das dunkle Tiefenwasser durch die vertikale

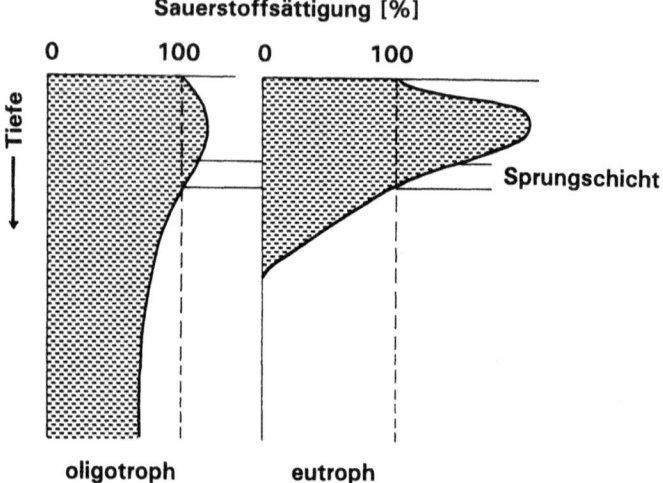

Abb. 6. Sommerliches Sauerstoffprofil in einem nährstoffreichen und einem nährstoffarmen See.

Schichtung vom Austausch mit der Atmosphäre abgeschlossen ist, kann der Sauerstoff dort sogar vollständig verbraucht werden und erst die Vollzirkulation kann den Sauerstoffgehalt wieder herstellen.

Auch für das Sauerstoffprofil während des Sommers gilt, daß es um so steiler ist, je nährstoffreicher ein Gewässer ist (Abb. 6). Sowohl die Sauerstoffbildung in der oberflächennahen Schicht als auch die Zehrung in der dunklen Tiefenzone sind in nährstoffreichen Gewässern stärker ausgeprägt. Innerhalb der oberflächennahen Schicht kann es sogar zu Übersättigungen kommen, da der überschüssige Sauerstoff nicht an die Atmosphäre abgegeben werden kann, wenn die Oberflächenschicht an warmen und windstillen Tagen nicht zirkuliert.

3 Schweben als Lebensweise

Plankter haben keinen festen Boden, auf den sich ihr Körper abstützen könnte. Im Gegensatz zu den Organismen des Landes und des Meeresbodens sind sie allseitig von Wasser umgeben. Solange sie nicht genau gleich schwer sind wie das umgebende Wasser, sind sie daher dauernd der Einwirkung der Schwerkraft ausgesetzt. Diese würde sie zum Boden sinken lassen, wenn sie schwerer sind, und an die Oberfläche treiben lassen, wenn sie leichter sind. Beides würde sie letztendlich aus ihrem Lebensraum entfernen. Vor allem Plankter, die nicht aktiv schwimmen können, benötigen daher entsprechende Anpassungen, die ihnen das Leben in Schwebe gewährleisten. Dabei machen sie sich zwei grundlegende physikalische Phänomene zunutze:

- die Zähigkeit des Wassers (Viskosität) und
- die durch Wind und Strömungen erzeugte Turbulenz im Wasser.

Wasser ist ein zähes Medium

Wer sich im Wasser bewegt, bemerkt schnell, daß dieses Medium den Bewegungen einen wesentlich größeren Widerstand entgegensetzt als die Luft. Zähere Flüssigkeiten, z.B. Honig, setzen den Bewegungen einen noch größeren Widerstand entgegen. Insgesamt besteht daher ein gradueller Übergang zwischen der Bewegung im Vakuum – nämlich gar kein Widerstand – und der Bewegung in einem zähen Medium.

Im Vakuum reicht ein einmaliger Impuls aus, um einen Körper in eine geradlinige Bewegung mit konstanter Geschwindigkeit zu versetzen. Die konstante Einwirkung einer Kraft führt dort zu einer beschleunigten Bewegung. In einem extrem zähen Medium hingegen kann nur die dauernde Einwirkung einer Kraft die Reibung des Mediums überwinden und eine Bewegung mit konstanter Geschwindigkeit bewirken. Hört die Krafteinwirkung auf, stirbt die Bewegung sofort ab.

Langsame und kleine Körper »erleben« dasselbe Medium als wesentlich zäher als schnelle und große Körper. Für ein Geißeltierchen von 10 µm Länge, das sich mit 100 µm/s im Wasser bewegt, ist das Wasser ein zähes Medium, ganz anders z.B. als für einen Fisch von 10 cm Länge, der sich mit 1 m/s bewegt. Die Bewegung kleiner und langsamer Körper durch Wasser kann man am besten mit dem Schwimmen größerer Körper durch Honig vergleichen:

> Schwimmt ein Mensch oder ein Fisch durch Wasser, so wird er ständig von neuem Wasser umspült. Dabei bildet das Wasser dauernd Wirbel, man bezeichnet das als »turbulente« Strömung. Schwimmt ein Fisch durch Honig, umströmt ihn dieser mit parallelen Stromlinien und ohne Wirbel. An der Körperoberfläche bildet sich eine Grenzschicht mit extrem langsamer Strömung. Dadurch schleppt der Fisch den anhaftenden Honig mit sich herum, der nur langsam durch frischen Honig ausgetauscht wird.

Ähnlich wie dem Fisch im Honig ergeht es begeißelten Bakterien und Phytoplanktern, sowie Phytoplanktern, die aufgrund der Schwerkraft im Wasser sinken. Sie schleppen das anhaftende Wasser zum größten Teil mit sich herum. Mehrzellige Zooplankter, z.b. Wasserflöhe, werden beim Schwimmen bereits turbulent, d.h. unter Wirbelbildung umströmt und ständig von neuem Wasser umspült.

Sinken und Schweben

Plankter sind leichter oder schwerer als Wasser

Die Körpermasse der Plankter besteht wie bei allen Organismen zum größten Teil aus Wasser; oft macht es mehr als 75 % der Körpermasse aus. Die meisten anderen Bestandteile ihrer Körpermasse sind schwerer als Wasser, z.B. Proteine, Kohlenhydrate und Nukleinsäuren. Besonders schwer sind mineralische Einschlüsse bzw. Skelettsubstanzen, wie Polyphosphatkörner, Kalkinkrustierungen und die Kieselschalen der Diatomeen. Nur Fette oder fettähnliche Substanzen (Lipide) und die Gasbläschen (Gasvakuolen) der Blaualgen sind leichter als Wasser. Meeresalgen können darüber hinaus den Zellsaft ihrer Vakuolen dadurch etwas leichter machen, in dem sie schwere durch leichtere Ionen ersetzen, z.B. das Natrium durch Ammonium.

Die meisten Plankter sind nur geringfügig schwerer als das Wasser. Kieselalgen sind wegen ihrer Schalen besonders schwer. Leichter als Wasser können Phytoplankter mit starker Lipidanreicherung und insbesondere Blaualgen mit ihren Gasbläschen sein.

Es gibt kaum Plankter, deren Dichte, d.h. spezifisches Gewicht, exakt mit der des Wassers übereinstimmt. Eine Ausnahme ist die Larve der Büschelmücke *Chaoborus*, die durch zwei Schwimmblasen ihre Dichte präzise regulieren kann. Wenn sie auf ihre Beute lauert, stellt sie ihre Dichte so ein, daß sie völlig ohne Bewegung im Wasser verharren kann, ohne zu sinken oder aufzutreiben.

Große und schwere Plankter sinken schnell

Solange sich Plankter in ihrer Dichte vom Wasser unterscheiden, ist ihr Schweben nicht perfekt. Sie sind einer dauernden Einwirkung der Schwerkraft ausgesetzt. Wenn sie schwerer als Wasser sind, tendieren sie zum Sinken; sind sie leichter, tendieren sie zum Auftreiben. Ihre Sinkgeschwindigkeit steigt direkt proportional mit dem »Übergewicht«, d.h. mit der Dichtedifferenz zwischen dem Wasser und dem Partikel.

Eine Kieselalge mit einer Dichte von 1,2 g/cm^3 hat eine zehnmal größere Dichtedifferenz zum Wasser als eine gleichgroße Grünalge mit einer Dichte von 1,02 g/cm^3. Sie sinkt deshalb 10mal so schnell. Außerdem steigt die Geschwindigkeit in quadratischer Abhängigkeit zur Größe: Ein Plankter mit dem 10fachen Radius eines anderen sinkt 100mal so schnell.

Bremsend beim Sinken kann sich die Form auswirken. Zum Beispiel sinken lange, nadelförmige Körper wie die Kieselalge *Synedra* etwa 4mal so langsam wie eine Kugel gleichen Volumens und gleicher Dichte. Früher wurden deshalb die im Plankton weit verbreiteten, kom-

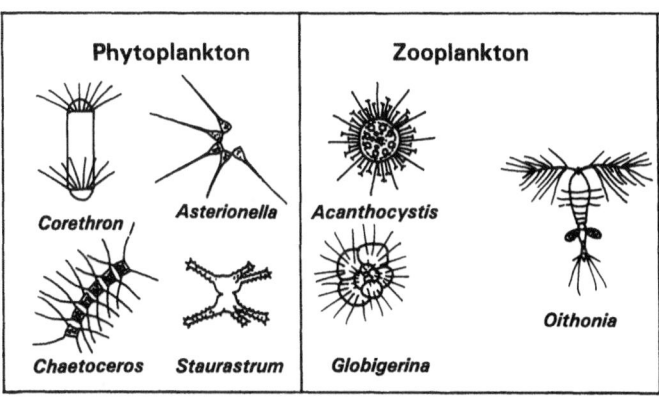

Abb. 7. Morphologische Anpassungen von Planktern, die traditionell als Schutz vor zu hohen Sinkgeschwindigkeiten gedeutet wurden: Borsten bei den marinen Kieselalgen *Corethron criophilum* und *Chaetoceros sociale* (hier dienen die Borsten auch dazu, die Einzelzellen innerhalb einer Kette untereinander zu verhaken); stabförmige Einzelzellen der marinen Kieselalge *Asterionella glacialis*, die zu einer sternförmigen Kolonie (»Fallschirmeffekt«) gruppiert sind; armförmige Zellfortsätze der Süßwasserzieralge *Staurastrum luetkemuelleri;* Borsten der Süßwasserprotozoen *Acanthocystis turfacea* (Sonnentierchen) und des marinen Protozoen *Globigerana quinqueloba* (Foraminiferen); Fortsätze an den Antennen des marinen Ruderfußkrebses *Oithonia plumifera*.

plizierten Formen mit langen Fortsätzen (»Schwebefortsätze«, Abb. 7) oft ausschließlich als Sinkschutz gedeutet. Insgesamt ist die durch den »Formwiderstand« erreichbare Verlangsamung der Sinkgeschwindigkeiten jedoch wesentlich geringer als die durch die größenbedingten Unterschiede zwischen verschiedenen Planktern. Der Vorteil von langen Fortsätzen wird daher heute auch mit anderen Faktoren gedeutet, z.B. als Schutz vor Freßfeinden.

Am schnellsten sinken große Kieselalgen mit maximal einigen Metern pro Tag, kleine Kieselalgen und große unverkieselte Phytoplanktern einige Dezimeter, unverkieselte Nanoplankter jedoch nur einige Zentimeter pro Tag. Am langsamsten sinken Bakterien.

Die Sinkverluste hängen auch von der Durchmischungstiefe ab

Je größer die Sinkgeschwindigkeit eines unbeweglichen Plankters ist, desto stärker ist er auf eine ausreichende Durchmischungstiefe der Oberflächenschicht des Gewässers angewiesen. Nur wenn ihn die turbulenten Wasserbewegungen wieder nach oben transportieren, bevor er in die Sprungschicht eingesunken ist, kann er in der Oberflächenzone verbleiben. Besonders die schnell sinkenden Kieselalgen sind von Sinkverlusten stark betroffen. Bei Durchmischungstiefen von wenigen Metern, wie sie für den Sommer in kleineren Seen charakteristisch sind, kann die Hälfte des Bestandes oder noch mehr pro Tag verloren gehen. Derartige Verluste können nur unter extrem günstigen Bedingungen durch Vermehrung ausgeglichen werden. Es ist deshalb kein Wunder, daß Kieselalgen eher für Situationen charakteristisch sind, in denen die Durchmischungstiefe groß ist.

4 Das Phytoplankton

Ernährung und Wachstum des Phytoplanktons

Die Phytoplankter sind die »Pflanzen« im Plankton

Im täglichen Sprachgebrauch werden die Phytoplankter als planktische »Algen« bezeichnet, obwohl es sich bei ihnen um keine einheitliche Gruppe von Organismen handelt. Zu ihr gehören sowohl »Blaualgen«, die eigentlich Bakterien sind, »Grünalgen«, die mit den höheren Pflanzen verwandt sind als auch eine Reihe von weiteren Gruppen, die eine recht eigenständige Position im System der Organismen einnehmen.

Die Phytoplankter haben jedoch eine Gemeinsamkeit in der Lebensgemeinschaft des freien Wassers: Sie nehmen dort dieselbe Stellung ein wie die grünen Pflanzen auf dem Lande. Die Phytoplankter sind *Primärproduzenten,* d.h. sie produzieren als erste in einer Kette aus anorganischen Ausgangsmaterialien organische Substanzen. Im Prozeß der *Photosynthese* wird die Energie des Lichts genutzt, um aus Wasser und Kohlendioxid organische Substanzen aufzubauen. Dabei setzen sie als »Abfallprodukt« aus der Spaltung des Wassermoleküls Sauerstoff frei. Durch die Bildung organischer Substanzen schaffen sie die Nahrungsbasis für die anderen Plankter, durch die Sauerstoffreisetzung ermöglichen sie deren Atmung.

Neben der Photosynthese ist die Aufnahme mineralischer *Nährstoffe* aus dem Wasser und deren Einbau in die Biomasse eine weitere wesentliche Leistung der Primärproduzenten. Zu den Lebensvoraussetzungen der Plankter gehören damit nicht nur Licht, Kohlendioxid und Wasser, sondern auch die in Kap. 2 genannten Nährstoffe.

Eine Lebensweise, die ausschließlich auf anorganischer Nahrung beruht, wird als *autotroph* bezeichnet. Dient hier wie bei den Pflanzen das Licht als Energiequelle, bezeichnet man sie als *photoautotroph*.

Phytoplankter sind extrem produktive »Pflanzen«

Landpflanzen produzieren pro Tag nur einen kleinen Bruchteil ihrer eigenen Biomasse. Im Gegensatz dazu können Phytoplankter bei ausreichender Versorgung durch Licht und Nährstoffe pro Tag etwa die Hälfte bis zum Achtfachen ihrer Biomasse produzieren. Je kleiner die Phytoplankter sind, desto größer ist im allgemeinen ihre Produktivität.

Der hohen Produktivität entspricht auch eine schnelle Vermehrung. Bei den meisten Phytoplankten, die sich durch Zweiteilung der Zellen vermehren, führt die Produktion nur zu einem Körperwachstum auf das Doppelte der Ausgangsgröße, dann erfolgt bereits eine Vermehrung. Eine Generation lebt dann einige Stunden bis wenige Tage. Werden nicht gleichzeitig immer wieder Phytoplankter durch das Zooplankton weggefressen, so führt das zu explosiven Massenentfaltungen, denn eine

Verdoppelung pro Individuum und pro Tag entspricht einer Vermehrung auf das 128fache.

Licht- und Nährstoffmangel können Produktion und Wachstum der Phytoplankter begrenzen

Das linke Vertikalprofil in Abb. 8 veranschaulicht, wie sich die vertikale Lichtabnahme auf die Photosynthese auswirkt: Bei starker Sonneneinstrahlung ist in Oberflächennähe zu viel Licht, der Photosyntheseapparat wird dadurch geschädigt und die Photosyntheseleistung wird durch das Licht gehemmt *(Lichthemmung)*. Danach folgt

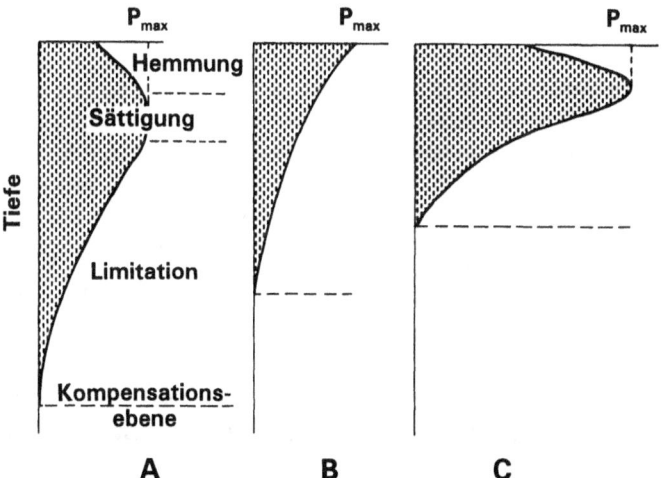

Abb. 8A–C. Vertikalprofil der Photosyntheserate pro Volumen.
A Standardtyp; **B** »abgeschnittenes« Profil bei geringer Oberflächeneinstrahlung; **C** »gestauchtes« Profil bei großen Phytoplanktonbiomassen.

eine Zone, in der die Lichtintensität weder zu groß noch zu klein ist, die Photosynthese entspricht dort der maximalen Leistungsfähigkeit der Algen *(Lichtsättigung)*. Darunter wird das Licht zu wenig, die Photosyntheseleistung nimmt ab *(Lichtlimitation)*. Am unteren Rand der oberflächennahen Schicht ist die Sauerstofffreisetzung durch die Photosynthese gerade gleich groß wie die Sauerstoffzehrung durch die Atmung der Algen. Man bezeichnet diese Grenzschicht daher auch als *Kompensationsebene*. Darunter ist keine positive Produktionsleistung der Algen mehr möglich, da mehr organische Substanz durch die Atmung verbraucht als durch die Photosynthese aufgebaut wird.

Der Verlauf des Photosyntheseprofils hängt von der Oberflächeneinstrahlung und der Lichtdurchlässigkeit des Wassers ab. Eine geringe Oberflächeneinstrahlung bewirkt, daß der obere Teil des Profils »abgeschnitten« wird (Profil B in Abb. 8), eine geringe Lichtdurchlässigkeit des Wassers bewirkt, daß es »gestaucht« wird (Profil C in Abb. 8).

Während eine Begrenzung des Algenwachstums durch unzureichendes Licht immer ab einer gewissen Tiefe auftritt, tritt eine Begrenzung durch Nährstoffmangel nur als Folge der Zehrung gelöster Nährstoffe durch das Wachstum der Algen auf. Nur wenige von den benötigten Nährelementen werden überhaupt so stark gezehrt, daß sie wachstumsbegrenzend sein können. Meistens handelt es sich um Stickstoff oder Phosphor. In manchen Meeresgebieten kann auch das Eisen begrenzend wirken. Das Silizium begrenzt oft das Kieselalgenwachstum, aber nicht das der anderen Phytoplankter.

Da gelöste Pflanzennährstoffe besonders stark dort gezehrt werden, wo die Produktion der Phytoplankter hoch ist, bilden sich während der Vegetationsperiode gegenläufige Vertikalprofile des Lichts und der Nährstof-

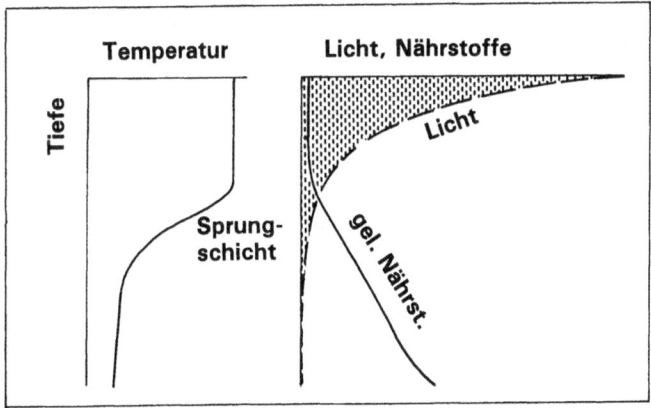

Abb. 9. Gegenläufige Vertikalprofile der Lichtintensität und der gelösten Pflanzennährstoffe in einem geschichteten Gewässer während der Vegetationsperiode des Phytoplanktons.

fe aus (Abb. 9). Das stellt die Phytoplankter vor ein Dilemma:

- Wo das Licht für die Photosynthese optimal ist, sind oft die Nährstoffe unzureichend;
- wo die Nährstoffversorgung optimal ist, ist das Licht nicht ausreichend.

Blaualgen (Cyanobacteria bzw. Cyanophyta)

Dem Aufbau ihrer Zellen nach sind Blaualgen eigentlich keine Algen, sondern Bakterien. Sie verfügen über keinen Zellkern und keine anderen, von Membranen umschlossene Zellorganellen wie Mitochondrien, Chloroplasten usw. Da sie jedoch den pflanzlichen Typ der Photosynthese, d.h. die Spaltung des Wassermoleküls und Sauerstoffbildung betreiben, entspricht ihre funktionelle Rolle in Lebensgemeinschaften und Ökosystemen der von Pflanzen. Die meisten Blaualgen sind blaugrün gefärbt, eine Mischfarbe aus den bei allen »Pflanzen« vorhandenen Photosynthesepigment Chlorophyll a und dem blauen Pigment Phycocyanin. Einige Blaualgen besitzen zusätzlich noch das rote Pigment Phycoerythrin, das je nach seiner Konzentration entweder zu einer roten Gesamtfarbe oder zu verschiedenen Mischfarben führen kann.

Im Plankton sind die Blaualgen vor allem durch zwei Typen vertreten: einzellige, kleiner als 2 µm große Picoplankter und faden- bzw. koloniebildende Großphytoplankter.

Picoplankter

Die Picoplankter gehören vor allem den Gattungen *Synechococcus* (stäbchenförmig oder ellipsoidisch) und *Synechocystis* (kugelförmig) an und sind in nahezu allen Gewässern weit verbreitet. Einige 100000 Zellen pro Milliliter sind keine Seltenheit. Ihre Bedeutung wurde vor allem dank Fluoreszenzmikroskopie erst in letzter Zeit richtig erkannt. Picoplankter werden durch Planktonnetze überhaupt nicht und durch die Sedimentationsmethode nur unzureichend erfaßt, da sie wegen ihrer Kleinheit in den Sedimentationskammern nur sehr langsam absinken. Besonders in nährstoffarmen Meeresgebieten aber auch Seen können sie einen substantiellen Teil der Biomasse und einen noch größeren Teil der Primärproduktion – über 50 % – ausmachen. Ihr hauptsächlicher Freßfeind sind einzellige Zooplankter, insbesondere Zooflagellaten.

Große Blaualgen

Die *koloniebildenden und fadenförmigen Blaualgen* sind vor allem im Phytoplankton der Binnengewässer weit verbreitet. Als Meeresplankter spielen sie nur in Randmeeren wie der Ostsee eine gewisse Rolle. Besonders auffällig und mit dem bloßen Auge erkennbar sind ihre Massenentwicklungen, die sog. »Blüten«, in nährstoffreichen Seen. Solche Massenentfaltungen können zur Färbung des Wassers, zur »Vegetationsfärbung«, oder zum Auftreiben von Algenmassen an die Seeoberfläche, zur »Oberflächenblüte«, führen, die meistens mit einer massiven Geruchsbelästigung verbunden sind. Außerdem sind manche blütenbildenden Blaualgen sogar giftig.

Die blütenbilden Blaualgen besitzen ein besonderes Merkmal: die Gasvakuolen. Das sind kleine, gasgefüllte Bläschen in den Zellen, die sie zur Vertikalwanderung, d.h. zu einem Absinken und wieder Auftreiben, befähigen. Wenn die Blaualgen in der Nähe der Oberfläche genügend Licht für die Photosynthese aber zu wenige Nährstoffe haben, bilden sie Glykogen, das als Ballast den Auftrieb der Gasvakuolen ausgleicht und zum Absinken der Zellen führt. In der Tiefe können fehlende Nährstoffe aufgenommen werden, das Glykogen wird in der Zeit für die Atmung verbraucht, die Gasvakuolen werden leichter und ermöglicht den Blaualgen wieder den Auftrieb. So können sie gleichzeitig Vorteile des Lichtangebots in geringen Tiefen und des Nährstoffangebots in großen Tiefen nutzen.

Ein weitere Fähigkeit, die zur Ausbildung von Massenentfaltungen von großen Blaualgen beiträgt, ist ihre Unfreßbarkeit für Zooplankter. Wenn sich in überweidetem Gelände Disteln und Giftpflanzen anreichern, weil sie von den Weidetieren gemieden werden, können sich

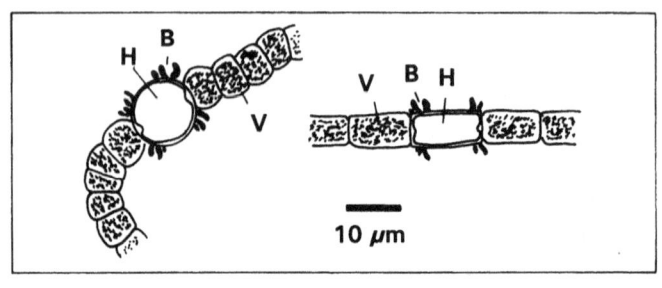

Anabaena   *Aphanizomenon*

Abb. 10. Heterozysten *(H)*, angeheftete Bakterien *(B)* und vegetative Zellen *(V)* bei den Blaualgen *Anabaena* und *Aphanizomenon*.

die unfreßbaren Blaualgen im Phytoplankton bei starkem Fraßdruck durch Zooplankter anreichern.

Blaualgenblüten treten besonders häufig dann auf, wenn in nährstoffreichen Seen zwar die Stickstoffverbindungen Nitrat und Ammonium, aber nicht der Phosphor der Oberflächenschicht aufgezehrt ist. Eine Reihe von Blaualgen verfügt nämlich über eine Fähigkeit, die allen anderen Phytoplanktern fehlt: die Stickstoffixierung, d.h. die Nutzung des im Wasser gelösten, molekularen Stickstoffs (N_2) als Stickstoffquelle. Alle anderen Phytoplankter sind auf gelöste Stickstoffverbindungen, vor allem auf das Nitrat und das Ammonium angewiesen. Diese können aufgezehrt werden, der Stickstoff selbst wird jedoch in nahezu unbegrenzter Menge aus der Luft nachgeliefert.

Für die Stickstoffixierung wird das Enzym Nitrogenase benötigt. Da dieses durch Sauerstoff geschädigt wird, besteht zwischen der Photosynthese und der Stickstoffixierung ein Konflikt. Die in Binnengewässern weitverbreiteten Blaualgen aus der Familie Nostocaceae haben dieses Problem durch spezialisierte Zellen, die *Heterozysten* (Abb. 10) gelöst, die keine photosynthetische

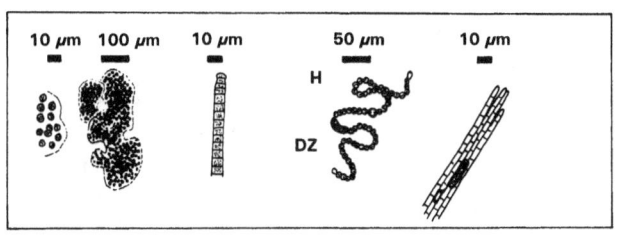

Microcystis aeruginosa *Planktothrix rubescens* *Anabaena circinalis* *Aphanizomenon flos-aquae*

Abb. 11. Ausgewählte, blütenbildende Blaualgen des Süßwassers. *H* Heterozyste, *DZ* Dauerzelle.

Sauerstoffbildung durchführen, sondern gelöste, organische Substanzen an ihre unmittelbare Umgebung abgeben. Diese organischen Substanzen nutzen Bakterien, die sich auf der Oberfläche der Heterozysten ansiedeln, als Nahrung. Für ihre Atmung verbrauchen die Bakterien Sauerstoff und schaffen so eine Mikrozone ohne oder mit sehr wenig Sauerstoff und ermöglichen damit die Stickstofffixierung. Da die Stickstofffixierung viel Energie benötigt und daher einen dauernden Aufenthalt der Plankter in der lichtgesättigten Zone voraussetzt, würde eine starke Turbulenz und große Durchmischungstiefen diese Mirkozonen zerstören. Das ist der Grund, warum die Stickstofffixierung durch Blaualgen im Meer eine wesentlich geringere Rolle spielt als in Seen.

Beispiele blütenbildender Blaualgen (Abb. 11)

Microcystis hat kugelförmige bis ellipsoidische Einzelzellen, die in großer Zahl durch eine gemeinsame Gallerte zu Kolonien vereinigt sind. Die Kolonien können einige Millimeter bis Zentimeter groß werden. Massenentfaltungen insbesondere der Arten *M. aeruginosa* und *M. flos-aquae* sind vor allem für den Sommer in nährstoffreichen Seen charakteristisch.

Oscillatorien (heute aufgeteilt in die Gattungen *Oscillatoria*, *Planktothrix* und *Limnothrix*) sind gerade gestreckte Fäden ohne Differenzierung zwischen den Zellen. Oscillatorien sind ausgesprochene Schwachlichtspezialisten, denn sie haben von allen Phytoplanktern die niedrigsten Lichtansprüche. Einige Arten treten massenhaft in flachen, nährstoffreichen Seen auf. *Planktothrix* (früher: *Oscillatoria*) *rubescens* ist hingegen berühmt für ihr Massenauftreten in tiefen alpinen Seen bei mittleren Nährstoffgehalten. Während der Frühjahrszirkulation bewirkt sie eine rosa Vegetationsfärbung in der gesamten Wassersäule. Im Sommer bildet sie hingegen auf die Sprungschicht beschränkte Massenvorkommen.

Anabaena ist eine der stickstoffixierenden Gattungen mit Heterozysten. Wie alle Stickstoffixierer hat sie hohe Lichtansprüche. Neben den Heterozysten und den vegetativen Zellen gibt es am Ende der Vegetationsperiode noch einen dritten Zelltyp: Dauerzellen für die Überwinterung, denn die *Anabaena* findet nur im Sommer günstige Wachstumsbedingungen vor. Gegen Ende der Wachstumsperiode werden Dauerzellen ausgebildet, die vollgestopft mit Reservestoffen auf den Gewässerboden absinken, um nach einer Ruhephase im nächsten Frühjahr oder Frühsommer auszukeimen. Einige Arten wie die *A. flos-aquaue, A. circinalis* haben mehr oder weniger schraubenförmig gewundene Zellfäden, die bis einige Millimeter große Knäuel bilden. Blüten der starklichtbedürftigen Arten treten meistens im Sommer auf.

Aphanizomenon hat ebenfalls drei Zelltypen (vegetative Zellen, Heterozysten, Dauerzellen) in den geraden Zellfäden. Bei der Art *A. flos-aquae* können sich diese Fäden parallel zu dichten Bündeln von einigen Millimetern Größe anordnen. Diese Bündel sind ein besonders effizienter Fraßschutz gegen Zooplankter, die mit derartig großen Partikeln nicht umgehen können. In Kulturexperimenten bildet *A. flos-aquae* meistens Einzelfäden aus. Wenn diese in Kontakt mit Wasserflöhen kommen, werden jedoch Bündel ausgebildet. Dieser Mechanismus muß durch eine chemische Substanz ausgelöst werden, die von den Wasserflöhen ins Wasser abgegeben und von den Algen wahrgenommen – »gerochen« – werden. Bündel werden nämlich auch dann gebildet, wenn die *Aphanizonmenon*-Fäden mit Wasser in Kontakt kommen, aus dem die Wasserflöhe kurz vor dem Versuch entfernt wurden.

Flagellaten

Flagellaten sind Einzeller, die sich mit Hilfe von Geißeln im Wasser bewegen können. Wenn sie über photosynthetische Pigmente verfügen und damit zur Photosynthese befähigt sind, bezeichnet man sie als Phytoflagellaten oder Geißelalgen. Sie bilden keine einheitliche Gruppe im System der Organismen, sondern gehören einer Vielzahl systematischer Einheiten an, die sich durch Ultrastrukturmerkmale der Zellen und die Ausstattung mit verschiedenen photosynthetischen Pigmenten voneinander unterscheiden. Alle Phytoflagellaten verfügen über Chlorophyll a, die anderen Pigmente unterscheiden sich von Gruppe zu Gruppe und bewirken eine große Vielfalt der Färbung. In den verschiedenen Stämmen und Klassen der Algen gelten die Flagellaten als stammesgeschichtlich primitivste Gruppe. Eine Reihe von Phytoflagellaten nehmen aufgrund ihrer Nahrung eine Zwischenstellung zwi-

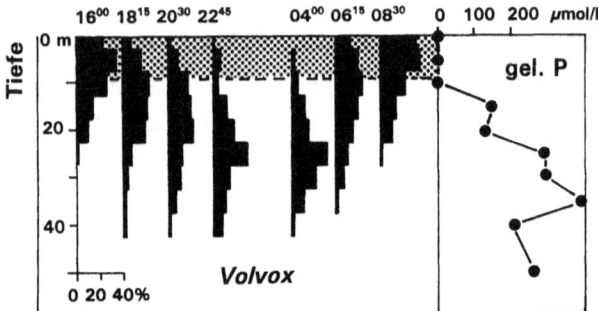

Abb. 12. Vertikalwanderung von *Volvox* im Cahora Bassa-Stausee. *Links* Vertikalverteilung von Volvox, *punktierte Fläche* oberflächennahe Zone; *rechts* Vertikalprofil der Phosphorkonzentrationen (nach Sommer u. Gliwicz 1986).

schen Pflanzen und Tieren ein, denn sie betreiben einerseits Photosynthese, fressen aber andererseits auch Bakterien und kleine Phytoplankter.

Die Beweglichkeit der Flagellaten ermöglicht ihnen, orientierte Bewegungen durchzuführen. Vor allem die großen Arten unter ihnen können Vertikalwanderungen mit täglichen Breiten von mehreren Metern durchführen und dabei am Tag das Licht in der Nähe der Oberfläche und in der Nacht die Nährstoffe im Bereich der Sprungschicht ausnutzen.

Im ostafrikanischen Stausee Cahora Bassa ist die vertikale Trennung von Licht und Nährstoffen besonders ausgeprägt. Photosynthese ist nur in den obersten 10 m möglich, nachweisbare Phosphorkonzentrationen gibt es nur unterhalb von 10 m. Tagsüber halten sich die meisten *Volvox*-Kolonien in der Lichtzone auf, in der Nacht sind fast alle Kolonien unterhalb von 10 m anzutreffen (Abb. 12).

Wanderungswege

Die Wanderungswege von Flagellaten sind auf den ersten Blick nicht besonders eindrucksvoll. Immerhin ist das oben erwähnte *Volvox*-Beispiel mit einer Wanderungsdistanz von 10 bis 20 m bereits das bisher bekannte Maximum für Phytoplankter. Setzt man die Wanderungsdistanzen allerdings in Beziehung zur Körpergröße, so werden sie schon eindrucksvoller:

> Bei den *Volvox*-Kolonien mit einer Größe von 0,5 bis 1 mm handelt es sich immerhin um das 20000fache der eigenen Körpergröße, das täglich hin und zurück bewältigt wird. Kleine Flagellaten von 10 µm Länge wandern zwar meistens nur 2 bis 3 Meter, die Relation zur eigenen Körpergröße ist jedoch noch extremer: nämlich das 300000fache der eigenen Körpergröße. Beim Menschen würde das bedeuten: Er müßte mehr als 500 km täglich hin und zurück, und zwar nicht mit dem Auto fahren, sondern durch Honig schwimmen (vgl. Kap. 3).

Kleine einzellige Flagellaten wachsen schnell und werden auch schnell weggefressen

Phytoflagellaten der Nanoplankton-Größenkategorie sind in allen Gewässern weit verbreitet. Einerseits können sie sich unter günstigen Bedingungen mit zwei oder mehr Zellteilungen pro Tag schnell vermehren, andererseits haben sie eine Größe, die von vielen wichtigen algenfressenden Zooplanktern besonders gut gefressen werden kann. Das kann bedeuten, daß ihr Bestand sich

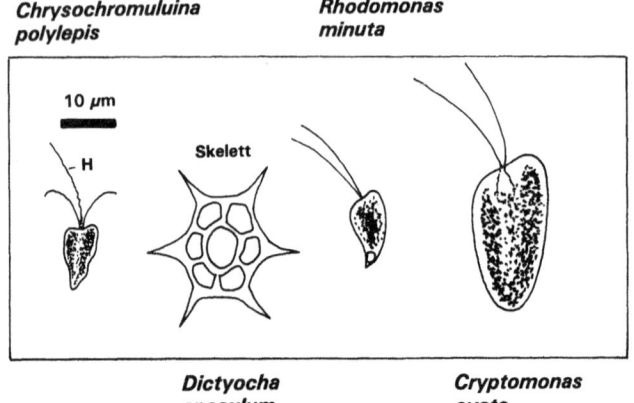

Abb. 13. Ausgewählte Phytoflagellaten des Nanoplanktons. *H* Haptonema.

sehr schnell vermehrt, aber auch ganz schnell durch Fraß vernichtet werden kann.

Beispiele (Abb. 13)

Chrysochromulina ist eine sowohl im Meer als auch im Süßwasser auftretende Gattung der Klasse *Prymnesiophyceae*. Sie hat neben den beiden Geißeln noch eine weitere geißelähnliche Struktur, ein Haptonema. Im ausgestreckten Zustand ist das Haptonema länger als die Geißeln, es kann jedoch wie eine Spiralfeder zusammengezogen werden und ist dann so kurz, daß es im Mikroskop oft übersehen wird. Seine Funktion ist bisher noch ungeklärt. Die Pigmentierung ist gelbbraun durch das Pigment Fucoxanthin. Im Jahr 1988 kam es im Skagerrak und Kattegat zu einer giftigen Massenblüte von *C. polylepis*, die zum Absterben zahlreicher Meerestiere führte.

Dictyocha ist ein Vertreter der ausschließlich marinen Silikoflagellaten, die über ein Silizium-Sauerstoff-Skelett im Zellinneren verfügen. Die Silikoflagellaten sind ebenfalls durch das Fucoxanthin gelbbraun gefärbt.

Rhodomonas ist eine in Süß- und Salzwasser weitverbreitete Gattung aus dem Stamm Cryptophyta. Sie ist durch Phycorythrin, ein Pigment, das ansonsten vorwiegend unter den Blaualgen zu finden ist, leicht rötlich gefärbt. Es gibt kaum Gewässer, wo sie nicht vorkommt. Vor allem in Seen kann sie zeitweilig die dominante Art des Phytoplanktons sein.

Cryptomonas ist eine nahe verwandte Gattung, die jedoch nicht rot, sondern ocker bis oliv gefärbt ist. Die meisten Arten sind etwas größer als die Vertreter von Rhodomonas. Cryptomonas ist ähnlich weit verbreitet. Flagellaten aus diesen beiden Gattungen sind das Idealfutter für Zooplankter aus den verschiedensten Gruppen: Sie haben die richtige Größe, eine dünne Zellmembran, die der Verdauung keinen Widerstand entgegensetzt, einen hohen Proteinanteil in der Biomasse und auch ansonsten eine biochemische Zusammensetzung, die einen optimalen Wachstumserfolg der mit ihnen gefütterten Zooplankter gewährleistet.

Große Flagellaten wachsen langsam und werden kaum gefressen

Große, einzellige Flagellaten der Mikroplankton-Größenklasse entstammen überwiegend dem Stamm *Dinophyta* (Dinoflagellaten). Sie vermehren sich nur relativ langsam und benötigen mindestens zwei bis drei Tage

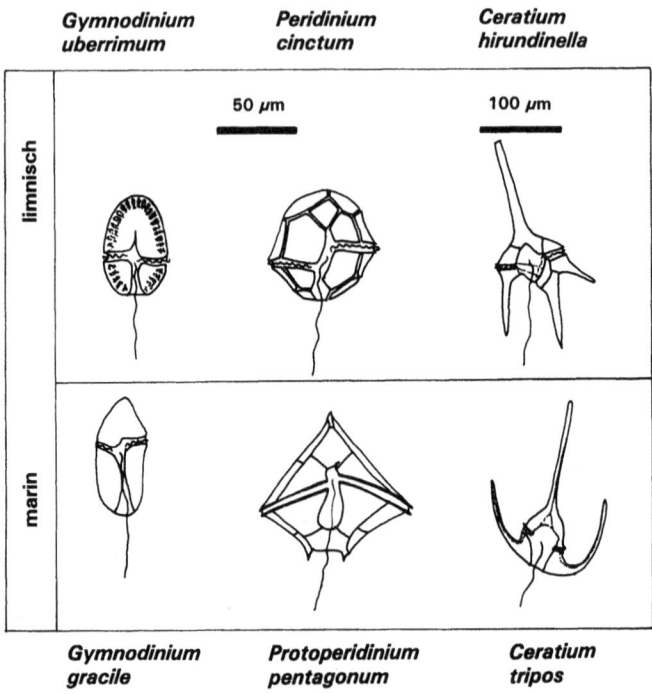

Abb. 14. Ausgewählte Dinoflagellaten.

von Zellteilung zu Zellteilung. Viele Arten verfügen über einen Zellulosepanzer, dessen teilweise recht komplexe Form ein wichtiges Bestimmungsmerkmal ist. Obwohl es wesentlich mehr Dinoflagellatenarten im Meer als im Süßwasser gibt, können sie auch in Seen zeitweilig die dominante Gruppe sein. Massenentfaltungen im Meer werden wegen der oft rotbraunen Vegetationsfärbung als »rote Tide« bezeichnet. Manchmal sind solche rote Tiden giftig und machen den Genuß von Muscheln, die massenhaft Dinoflagellaten gefressen haben, lebensgefährlich. Lebensvoraussetzung für Blüten von Dinoflagellaten ist eine Kombination aus stabiler Schichtung und hohem Nährstoffangebot, zumindest unterhalb der Sprungschicht, die sie bei ihren Vertikalwanderungen durchqueren können. Sie können vom Zooplankton in der Regel nur schlecht gefressen werden. Während die Cryptophyceen also das »Gras des Planktons« sind, sind die Dinoflagellaten die »Disteln des Planktons«.

Beispiele (Abb. 14)

Gymnodinium ist eine in Meer und Süßwasser weit verbreitete Gattung. Die Zellwand ist nicht in panzerartige Platten gegliedert, sondern eine Geißel läuft in einer Querfurche um den Zellkörper, die andere läuft zunächst in einer Längskurve, ragt aber nach hinten über den Körper hinaus.

Peridinium hat einen Panzer aus regelmäßig angeordneten Zelluloseplatten. Die Anordnung der Geißeln stimmt mit der des *Gymnodinium* überein. Berühmt ist die starke Dominanz von *P. gatunense* im biblischen See Genezareth, die jedes Jahr im Winter zu einer rotbraunen Vegetationsfärbung führt.

Ceratium hat einen zu Hörnern ausgezogenen Panzer. Die Süßwasserarten sind Musterbeispiele kaum freßbarer Phytoplankter.

Koloniebildung kann ebenfalls die Freßbarkeit herabsetzen

Da die meisten Zooplankter nur kleine Phytoplankter (unter 20 bis 50 µm) fressen können, genießen kleinzellige Flagellaten durch die Ausbildung großer Kolonien ebenfalls einen gewissen Fraßschutz. Im Meer ist diese Art des Fraßschutzes weniger effektiv als in Seen, da es im Meer eine größere Vielfalt sehr großer Zooplankter gibt, die nicht auf Nanoplankter als Futterspektrum angewiesen sind.

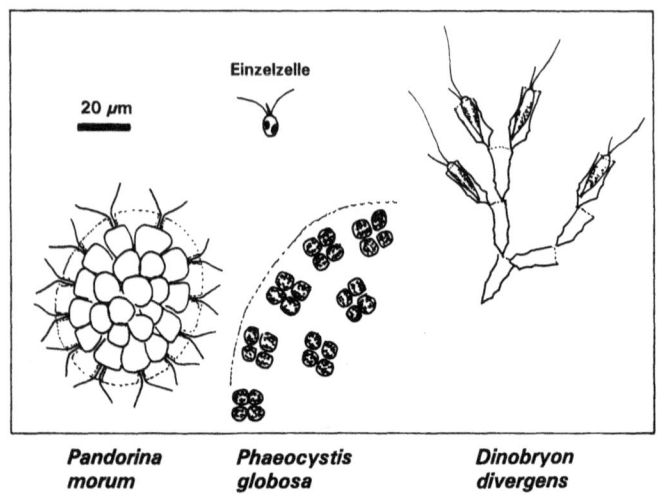

Abb. 15. Beispiele koloniebildender Phytoflagellaten.

Beispiele (Abb. 15)

Pandorina ist eine begeißelte Grünalge des Süßwassers. Die Kolonien bestehen aus 16, 32 oder 64 Zellen in einer gemeinsamen Gallerte. Bei der Zellteilung geht aus jeder Zelle eine Tochterkolonie hervor. Als Grünalge hat sie die Pigmentausstattung der höheren Pflanzen, also neben Chlorophyll a auch Chlorophyll b. Die anderen Pigmente – Karotine und Xanthophylle – beeinflussen wegen ihrer relativ geringen Konzentration nicht die grasgrüne Farbe.

Phaeocystis ist ein mariner Vertreter der Prymnesiophyceae und ist gelbbraun pigmentiert. Die Zellen können sowohl einzeln als auch im Kolonieverband auftreten. Die Kolonien können sehr groß und reich an Zellen sein. Der koloniale Status hat Ähnlichkeit mit der Blaualge *Microcystis*. Phaeocystis bildete in den letzten Jahren störende Wasserblüten in der Nordsee, die oft mit einer auffälligen Schaumbildung an der Wasseroberfläche einherging.

Dinobryon ist ein Vertreter der ebenfalls gelbbraun pigmentierten Chrysophyceae. Die einzelnen Zellen stecken in Zellulosebechern, die zu einem bäumchenförmigen Verband zusammengeschlossen sind. Die meisten Arten treten bevorzugt in nährstoffarmen Seen auf.

Kieselalgen (Diatomeen, Bacillariophyceae)

Kieselalgen sind unbeweglich. Sie haben eine aus zwei Hälften bestehende Siliziumdioxidf-Schale. Jede Halbschale besteht aus einem Schalenelement, der Valve, und den daran ansetzenden Gürtelbändern (Abb. 16). Je nach ihrer Lage im Mikroskop sieht man entweder die Schalen- oder die Gürtelbandansicht. Vor allem die Valve weist oft eine detailreiche Ornamentierung mit Rippen, Streifen, Poren, Dornen und Borsten auf, die oft als Bestimmungsmerkmal von Arten und Gattungen gelten.

Die Klasse der Kieselalgen (Bacillariophyceae) enthält zwei Ordnungen, die nach dem Grundbauplan der Schalenansicht unterschieden werden. Bei den zentrischen Kieselalgen (Centrales oder Biddulphiales) ist sie in der Grundform radiär, bei den pennaten Kieselalgen (Pennales oder Bacillariales) ist sie langgestreckt.

Wegen ihrer Schale sind die Kieselalgen schwerer als andere Phytoplankter und benötigen in großen Mengen Silizium als Nährelement. Die meisten Arten kommen mit verhältnismäßig geringen Phosphor- und Stickstoffangeboten gut zurecht, manche Kieselalgen, wie z.B. die *Synedra*, sind sogar ausgesprochene Spezialisten für

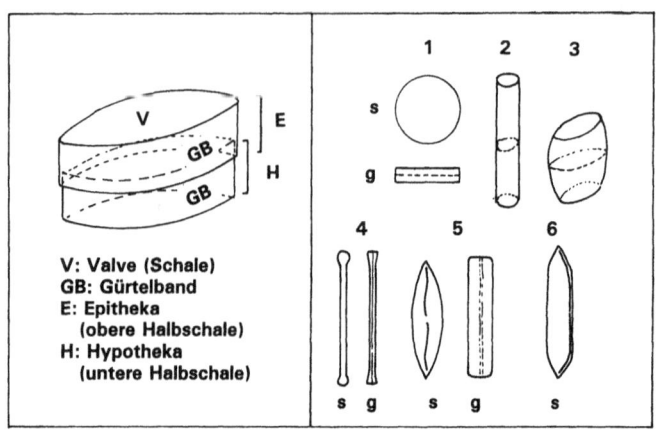

Abb. 16. Grundmorphologie der Kieselalgen. *Links* Bauplan der Kieselschale; *rechts* Grundformen zentrischer *(oben)* und pennater*(unten)* Kieselalgen: 1 flacher Zylinder (z.B *Stephanodiscus, Cyclotella, Thalassiosira, Coscinodiscus),* 2 langgestreckter Zylinder (z.B. *Aulacoseira, Leptocylindrus, Rhizosolenia),* 3 Kissen (z.B. *Chaetoceros, Biddulphia)* 4 pennate Kieselalge ohne Spalt (z.B. *Asterionella, Synedra, Diatoma, Thalassionema),* 5 pennate Kieselalge mit Spalt in der Valvenmitte (z.B. *Navicula, Stauroneis),* 6 pennate Kieselalge mit Spalt am Valvenrand (z.B. *Nitzschia);* g Gürtelbandansicht, s Schalenansicht.

niedrige Phosphorkonzentrationen. Vor allem kleine und mittelgroße Arten können zwei bis mehrere Zellteilungen pro Tag erreichen.

Im Meer sind die Kieselalgen für die kalten nördlichen und südlichen Meere sowie für die Auftriebszonen an den Rändern der Kontinente charakteristisch. Vor allem der vertikale Transport von gelöstem Silikat aus dem Tiefenwasser ist dafür entscheidend. Da Kieselalgen besonders bei großen Durchmischungstiefen auftreten und damit immer wieder in die dunkle Tiefe transportiert werden, sind sie an niedrige Lichtangebote angepaßt.

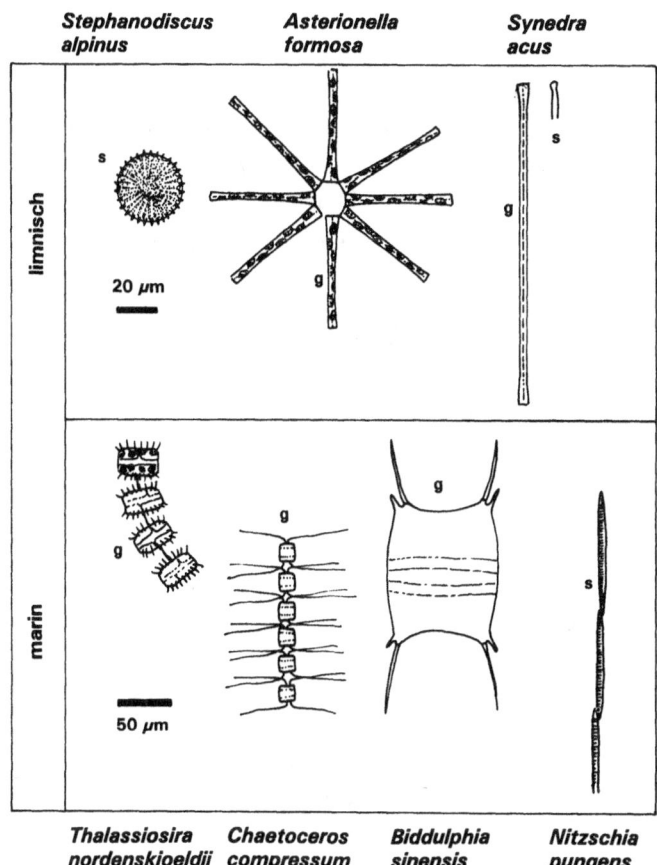

Abb. 17. Ausgewählte Kieselalgen, *g* Gürtelbandansicht, *s* Schalenansicht.

Beispiele (Abb. 17)

Stephanodiscus ist eine zentrische Gattung der Binnengewässer mit scheibchenförmigen Zellen. Radiäre Punktreihen in der Schalenansicht sind das Unterscheidungsmerkmal zu anderen scheibenförmigen Gattungen.

Thalassiosira ist eine zentrische Gattung des Meeres, deren Zellen durch zentrale Borsten zu Ketten verbunden sind.
Bei der ebenfalls marinen Gattung *Chaetoceros* ist die zylindrische Grundform der Centrales zur Kissenform abgewandelt. Die Zellen sind untereinander durch Kieselborsten zu langen Ketten verbunden.
Auch bei *Biddulphia* ist die zylindrische Grundform zur Kissenform abgewandelt. Manche Arten haben bis zu mehreren 100 µm große Zellen.
Asterionella formosa ist eine der wichtigsten pennaten Kieselalgen des Süwassers. Ein mariner Vertreter der Gattung wurde in Abb. 3.1 dargestellt. *Asterionella formosa* ist ein starker Konkurrent bei geringen Phosphorkonzentrationen, benötigt aber viel Silikat. Die sternchenförmigen Kolonien werden nur schlecht vom Zooplankton gefressen, da sie für die meisten Freßfeinde etwas zu groß sind.
Synedra ist der stärkste Konkurrent um niedrige Phosphorkonzentrationen im Süßwasser, benötigt aber noch mehr Silizium als Asterionella.
Die pennate Gattung *Nitzschia* ist sowohl im Meer als auch in Seen vertreten. Im Meer gibt es einige giftige Arten, darunter die abgebildete *Nitzschia pungens* f. *multiseries*.

Grünalgen (Chlorophyta)

Die Grünalgen besitzen aufgrund der Ultrastruktur ihrer Zellen, der Pigmentaustattung – neben Chlorophyll a auch Chlorophyll b – und eine Reihe weiterer biochemischer Merkmale eine stammesgeschichtliche Verwandschaft mit den höheren Pflanzen.

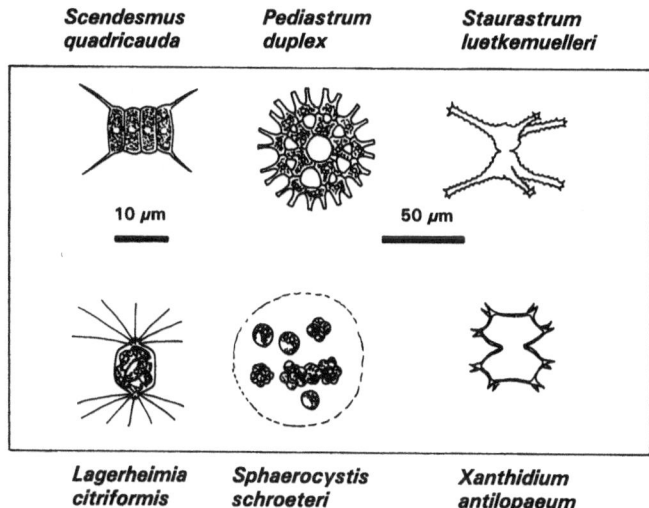

Abb. 18. Beispiele von Grünalgen.

Als Phytoplankter sind die Grünalgen nur im Süßwasser wichtig. Planktische Grünalgen haben normalerweise hohe Stickstoff- und Phosphoransprüche und sind deshalb schwerpunktmäßig in nährstoffreichen Seen verbreitet. Sie sind in der Regel leicht kultivierbar und werden deshalb gerne als Modellorganismen für experimentelle Untersuchungen verwendet.

Beispiele (Abb. 18)

Scendesmus ist eine der klassischen »Laboralgen«, die sich gut für experimentelle Untersuchungen eignet. Je 4 bis 8 Zellen bilden eine Kolonie. Bei der Zellteilung geht aus jeder Zelle eine Tochterkolonie hervor.

Lagerheimia hat mehr oder weniger ovale Zellen mit Borsten. Bei der Zellteilung werden meist 4 oder 8 Tochterzellen innerhalb der Mutterzellwand gebildet.

Sphaerocystis bildet kugelige Kolonien, die von einer Gallerte umschlossen werden. Große Kolonien können gar nicht gefressen werden; kleine Kolonien können wegen der Gallerte nicht oder nur schlecht gefressen werden; sie werden nach der Darmpassage lebend wieder ausgeschieden.
Pediastrum bildet plattenförmige Kolonien mit der Morphologie eines Zahnrades, die ebenfalls kaum freßbar sind.
Staurastrum gehört zur systematisch etwas abseits stehenden Ordnung der Zieralgen (Desmidiales). Die meisten Vertreter findet man in Moorgewässern, die Gattung *Staurastrum* hat jedoch auch planktische Vertreter in allen möglichen Typen von Seen.
Xanthidium ist eine von jenen Zieralgengattungen, die nur in Weichgewässern auftritt.

5 Das Zooplankton

Die Ernährung des Zooplanktons

Die Zooplankter sind die Konsumenten im Plankton

Zooplankter können im Gegensatz zu den Phytoplanktern organische Substanzen nicht aus anorganischen Bestandteilen aufbauen. Die Ernährung der Tiere ist *heterotroph,* d.h. sie sind auf organische Substanzen als Baustoffe und Energieträger angewiesen: Sie müssen andere Organismen, deren Teile oder Überreste fressen. Die Produktion tierischer Biomasse ist daher eine sekundäre Produktion. Nicht nur die Produktion der Tiere, sondern auch die Produktion der heterotrophen Bakterien ist eine »*Sekundärproduktion*«. Der wesentliche Unterschied besteht allerdings darin, daß Tiere vorwiegend feste Partikel fressen, während Bakterien gelöste, organische Substanzen durch ihre Zellmembran aufnehmen.

Da die Zooplankter direkt oder indirekt vom Konsum der Primärproduktion des Phytoplanktons leben, bezeichnet man sie auch als *Konsumenten*. Zooplankter, die direkt als Phytoplanktonfresser Primärproduktion konsumieren, werden Primärkonsumenten genannt.

Zooplankter können Phytoplankter, Bakterien oder andere Zooplankter fressen

Je nach der Art ihrer Nahrung unterscheidet man verschiedene Typen von Zooplanktern:

- *Herbivore Zooplankter* fressen Phytoplankton, also pflanzliches Material. Ihre Fraßtätigkeit wird mit dem englischen Wort für Beweidung als »Grazing« bezeichnet. Sie sind das Gegenstück zu den Pflanzenfressern unter den Tieren des Landes.
- *Carnivore Zooplankter* fressen andere Zooplankter – also tierisches Material – und sind damit das Gegenstück zu den Raubtieren.
- *Bakterivore Zooplankter* fressen Bakterien.
- *Detritivore Zooplankter* fressen Detritus, das sind abgestorbene Teile und Überreste von Organismen. Es ist allerdings nicht klar, ob tatsächlich diese einen ausreichenden Nährwert haben, oder ob sie sich vorwiegend von den Bakterien ernähren, die diese Überreste besiedeln.
- *Omnivore Zooplankter* sind »Allesfresser« und fressen mehr als einen Nahrungstyp.

Diese Typologie ist stark auf die Analogie zu den Landtieren angelegt und trifft nur beschränkt auf das Zooplankton zu. Vor allem die pflanzenfressenden Zooplankter picken normalerweise kaum gezielt einzelne Futterorganismen heraus, sondern fressen alle Partikel passender Größe. Deshalb fressen sie neben Phytoplankton fast immer auch Protozoen mit, sind also im strengen Sinn »Allesfresser«. Auch hinsichtlich ihrer physiologischen Ausstattung, z.B. mit Verdauungsenzymen, sind »pflanzenfressende« und »tierfressende« Zooplankter einander viel ähnlicher als Pflanzen- und Fleischfresser auf dem Lande, da auch in der biochemischen Zusammensetzung (z.B. Anteile von Proteinen, Kohlenhydraten und Lipiden) des tierischen und des pflanzlichen Futters im Plankton wesentlich geringere Unterschiede bestehen.

Die Art des Nahrungserwerbs wird von geringen Futterdichten in einem zähen Medium bestimmt

Verglichen mit dem Gras auf einer Weide sind die Futterorganismen des Zooplanktons sehr dünn gesät und obendrein in ein zähes Medium eingebettet (vgl. Kap. 3). Wegen der geringen Konzentrationen selbst in nährstoffreichen Gewässern können Zooplankter nicht einfach das Wasser trinken und sich von den darin enthaltenden Futterpartikeln ernähren, sondern sie müssen sie vielmehr verdichten und vom umgebenden Wasser trennen. Die von ihnen verwendete Methode steht dabei in einem engen Zusammenhang mit der Größe der gefressenen Partikel, wobei es es jedoch nicht auf die absolute Größe ankommt, sondern auf die Relation zur eigenen Körpergröße.

Greifer

Sie jagen und ergreifen gezielt einzelne Futterpartikel. Das lohnt sich natürlich nur bei großen Futterpartikeln, die in der Regel wenigstens einige Prozent der eigenen Körperlänge erreichen müssen. Da es sich bei derartigen Futterorganismen meistens um andere Zooplankter handelt, die zur Flucht befähigt sind, müssen Greifer schnell sein. Die bekanntesten Vertreter der greifenden Ernährungsweise sind »räuberische« Copepoden.

Leimrutenfänger

Zu ihnen gehören z.B. die Quallen, die ebenfalls relativ große Futterorganismen fressen. Statt ihre Beute zu jagen, warten sie jedoch auf ein mehr oder weniger zufälliges Zusammentreffen.

Filtrierer

Sie verfügen über fächer- oder siebähnliche Borstenkämme, mit denen sie ihre Futterpartikel aus dem Wasser filtrieren. Sie fressen sehr kleine Futterpartikel, die nur 1/10000 bis 1/100 ihrer eigenen Körperlänge groß sind. Kleine Partikel enthalten einerseits zwar wenig Nahrung, sind aber andererseits im Wasser besonders zahlreich vertreten. Filtrierer sieben ihre Nahrung aus einer extrem zähen Flüssigkeit (vgl. Kap. 3), die durch das Filter gepreßt werden muß, da sie ansonsten seitlich entweichen würde. Daher muß der Filtrationsapparat abgeschlossen sein. Ungeeignet dafür sind Borstenkämme, die sich frei im Wasser bewegen. Allerdings können freie Borstenkämme einen Wasserstrom zum Mund erzeugen, wo Partikel durch die Mundwerkzeuge herausgegriffen werden, wie z.B. bei pflanzenfressenden Copepoden. Dieses Ergreifen kann durch eine klebrige oder elektrostatisch geladene Oberfläche der Mundwerkzeuge erleichtert werden. Ein Beispiel für echte Filtration ist der Filtrationsapparat des Wasserflohs (Daphnia).

Die zu den Blattfußkrebsen (Cladoceren) gehörenden Daphnien sind die am besten untersuchten Filtrierer. Ihr Filtrationsapparat besteht aus Borsten (Setae) und deren Seitenborsten (Setulae) am 3. und 4. Beinpaar (Abb. 19). Die Abstände zwischen den Setulae und damit die Maschenweiten des Filterapparates betragen je nach Art zwischen 0,5 und 2 µm. Da sich die Filterbeine innerhalb des von den

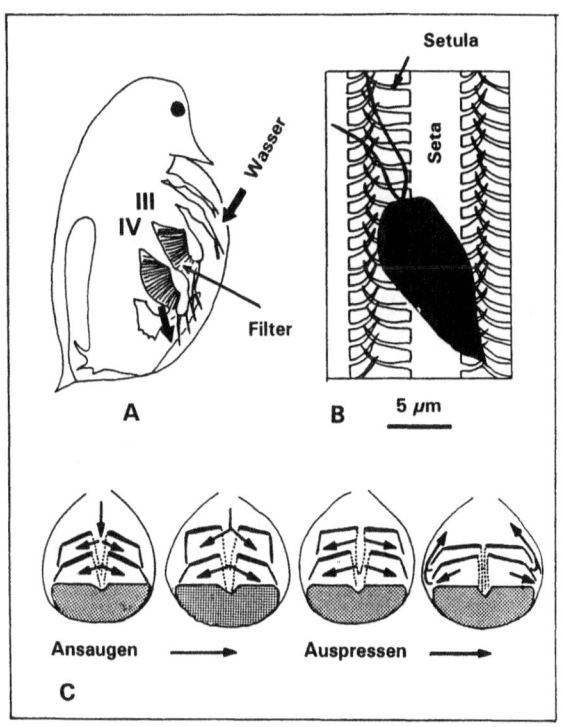

Abb. 19A–C. Filterapparat der Cladocerenart *Daphnia*. **A** Gesamtansicht mit Filterkämmen an den Brustbeinen III und IV; **B** Detail des Filters mit filtriertem Phytoplankter *(Cryptomonas)*; **C** Schema des Filtrationsvorganges, schräger Schnitt im Bereich des 3. und 4. Brustbeinpaares (nach Lampert 1987).

beiden Halbschalen umschlossenen Raumes bewegen, kann der Wasserstrom durch den Filterapparat gezwungen werden.

Filtrierer sind im Gegensatz zu Greifern nicht wählerisch bei ihrer Ernährung

Filtrierer können ihre Futterpartikel nicht gezielt ergreifen und somit auch nicht zwischen ihnen auswählen. Entscheidend für sie ist im wesentlichen die Größe der Futterpartikel. Nach unten begrenzt der Abstand zwischen den Setulae das Größenspektrum, für die Obergrenze sind z.B. die Öffnungsweite der kauenden Mundwerkzeuge (Mandibeln) oder die Spaltbreite zwischen den Halbschalen ausschlaggebend. Lange, dünne Futterpartikel, die die Obergrenze in nur einer Dimension überschreiten, können bei günstiger Orientierung im Filterstrom noch gefressen werden. Die Untergrenzen der meisten Filtrierer liegen im Bereich von einigen Zehntel bis einigen Mikrometern; die Obergrenzen sind etwa zehnmal so groß. Der Schwerpunkt des Futterspektrums der filtrierenden Zooplankter liegt also im Bereich des Nanoplanktons, Feinfiltrierer fressen aber auch im Picoplanktonbereichen. Da in diesen Größenordnungen das Phytoplankton überwiegt, hat sich die Ungenauigkeit eingebürgert, Filtrierer als »pflanzenfressend« zu bezeichnen.

Im Gegensatz zu den Filtrierern können Greifer sehr wählerisch sein. Sie sind es besonders dann, wenn reichlich Futter zur Verfügung steht. Gutes Futter kann oft an chemischen Qualitäten –»Geschmack« oder »Geruch« – erkannt werden.

> Bietet man dem »pflanzenfressenden« Copepoden Eudiaptomus frische Kunststoffkügelchen und Kunstoffkügelchen, die in Algenkulturen etwas »Algengeschmack« angenommen haben, an, so frißt er fast ausschließlich die Kügelchen mit Algengeschmack (de Mott 1988). Wenn außerdem noch echte Algen zur Verfügung stehen, frißt er nur noch

diese. Zwischen lebenden und getöteten Algen derselben Art wählt er die lebenden aus. Ein Filtrierer wie Daphnia ist zu einer derartigen Auswahl nicht in der Lage.

Vertikalwanderung

Viele Zooplankter wandern am Abend nach oben und am Morgen nach unten

Die Vertikalwanderung ist ein seit langem bekanntes Verhaltensmuster vieler Zooplankter. Der klassische Typus der Vertikalwanderung besteht darin, am Abend oberflächennahe Wasserschichten aufzusuchen und am Morgen wieder in größere Tiefen zu wandern. Die Aufenthaltstiefen bei Tag und bei Nacht können sich im Meer um mehrere 100 m und in Seen um mehrere 10 m unterscheiden. Außer diesem klassischen Typus gibt es mehrere Variationen:

- *Entwicklungsspezifische Veränderungen.* In der Regel sind die Wanderungsamplituden erwachsener Individuen größer als die jugendlicher, manchmal wandern die Jugendstadien sogar überhaupt nicht. Bei vielen marinen Zooplanktern spielen sich die Wanderungen der Alttiere insgesamt in größeren Tiefen ab, als die Wanderungen der Jungtiere.
- *Saisonale Veränderungen.* Generell ist die Tendenz zu wandern in der warmen Jahreszeit größer als im Winter.
- *Umgekehrte Wanderung.* Manchmal ist das Wanderungsmuster dem klassischen Typ entgegengesetzt: Die Tiere halten sich am Tag oben und in der Nacht unten auf.

Die Vertikalwanderung wird durch den Lichtreiz gesteuert

Die Steuerung der Vertikalwanderung erfolgt durch ein lichtabhängiges Reiz-Reaktions-Muster.

Die Aufwärtswanderung wird durch positive Bewegung zum Licht (positive Phototaxis) und
die Abwärtswanderung durch die Bewegung vom Licht weg (negative Phototaxis) kontrolliert. Das Umschalten vom positiv zum negativ phototaktischen Reaktionsmuster wird durch die schnellen Lichtänderungen in den Dämmerungsphasen ausgelöst. Bei dem klassischen Typus der Vertikalwanderung bewirkt die Lichtabnahme am Abend ein Umschalten zu positiver und die Lichtzunahme am Morgen zu negativer Phototaxis.

Die Vertikalwanderung dient der Verminderung des Fraßdruckes durch Räuber

Während es über den auslösenden Reiz der Vertikalwanderung kaum Meinungsverschiedenheiten gibt, war der evolutionäre »Nutzen« der Vertikalwanderung lange Zeit umstritten. Wegen der Lichtabhängigkeit der Photosynthese ist das Futterangebot in Nähe der Oberfläche größer als in der Tiefe. Warum aber haben sich in der Stammesgeschichte Genotypen durchsetzen können, die für einen Teil des Tages eine schlechtere Nahrungsversorgung in Kauf nehmen? Mittlerweile erklärt man dieses Verhalten mit der Vermeidung von Räuberdruck.

Zooplanktonfressende Fische orientieren sich visuell, d.h. sie müssen ihre Opfer sehen, um sie angreifen zu können. Zooplankter können sich dem entziehen, in dem sie sich nur während der Nacht in der oberflächennahen Schicht aufhalten. Dadurch vermindert sich einerseits zwar die Geburtenrate, andererseits steht dem der Vorteil einer verminderten Todesrate gegenüber.

Mit der Räubervermeidung lassen sich auch unkompliziert die verschiedenen Modifikationen der Vertikalwanderung erklären:

Entwicklungsspezifische Veränderungen. Je größer Zooplankter sind, um so besser können sie von den Fischen erkannt werden und um so tiefer müssen sie deshalb zu ihrem Schutz wandern.
Saisonale Veränderungen. Der größte Fraßdruck geht von den im selben Jahr geschlüpften und besonders zahlreichen Jungfischen aus, die im Frühjahr bzw. Frühsommer beginnen, Zooplankton zu fressen. Da die Sterblichkeit der Jungfische sehr groß ist und mit niedrigeren Temperaturen auch die Freßraten der einzelnen Fische zurückgehen, ist der Fraßdruck im Winter niedrig.
Umgekehrte Vertikalwanderung. Sie tritt überwiegend bei kleinen Zooplanktern auf, die nicht oder nur wenig von Fischen, sondern vorwiegend von räuberischen Zooplanktern gefressen werden. Wenn die räuberischen Zooplankter zur Vermeidung der Fische »normal« wandern, können ihnen die kleineren Zooplankter durch eine umgekehrte Wanderung ausweichen.

Eine direkte Beobachtung der Vertikalwanderung ist durch den Vergleich ansonsten ähnlicher Gewässer möglich, die unterschiedlich alte oder gar keine Fischbestände haben:

Hochgebirgsseen, in deren Ausfluß Wasserfälle die Einwanderung von Fischen verhindern, sind von Natur aus fischfrei. In den Alpen und in der Hohen Tatra wurden jedoch viele dieser Seen in historischer Zeit mit Forellen oder Saiblingen besetzt. Der einzige große Zooplankter in diesen Seen ist der Copepopde *Cyclops abyssorum*. In heute noch fischfreien Seen wandert er gar nicht. In Seen mit Fischen ist die Aufenthaltstiefe während des Tages um so größer, je älter der Fischbestand ist. In einigen Fällen vergräbt er sich am Tag sogar ins Bodensediment (Gliwicz 1986).

Die Vertikalwanderung kann direkt durch den »Geruch« von Freßfeinden ausgelöst werden

Für den saisonalen Wechsel im Wanderungsverhalten gibt es drei Erklärungen:

Die Vertikalwanderung ist ein festes Merkmal bestimmter Genotypen. Es findet jedes Jahr ein jahreszeitlicher Wechsel in der Selektion von wandernden oder nichtwandernden Genotypen statt.

Ein Genotyp kann zwischen Wandern und Nichtwandern umschalten. Das Umschalten erfolgt durch einen Umweltreiz, der an den Verlauf der Jahreszeiten gekoppelt ist, z.B. die Wassertemperatur oder die Tageslänge.

Das Wanderungsverhalten erfolgt direkt durch einen vom Räuber ausgehenden Reiz, z.B. eine Substanz (Kairomon), die vom Räuber ausgeschieden und von den Zooplanktern erkannt wird.

Die Limnologen Lampert und Loose (1992) züchteten Wasserflöhe *(Daphnia)* in 11 m hohen Containern – sog. »Planktontürmen« – mit naturnahen, vertikalen Licht- und Temperaturgradienten. Ohne Fische kam es zu keiner Vertikalwanderung. Wurde Wasser aus einem Aquarium mit Fischen in den Turm gepumpt, begannen die Wasserflöhe mit der Vertikalwanderung. Ein direkter Kontakt mit den Fischen war also nicht nötig.

Planktische Protozoen

Die Einzeller sind die häufigsten Zooplankter

Die Erforschung der Einzeller wurde trotz ihrer Wichtigkeit jahrelang vernachlässigt, denn:

- Protozoen sind mit Abstand die häufigsten Zooplankter,
- sie sind die wichtigsten Freßfeinde des Picoplanktons (Bakterien und Picophytoplankter) und haben daher einen hohen Anteil an der planktischen Sekundärproduktion,
- die Sammelgruppe der hetrotrophen Nanoflagellaten (HNF) sind meistens die wichtigsten Freßfeinde der Bakterien im Plankton,
- Skelett- bzw. schalentragende Protozoen haben einen wesentlichen Anteil an der planktonbürtigen Sedimentation mineralischer Ablagerungen im

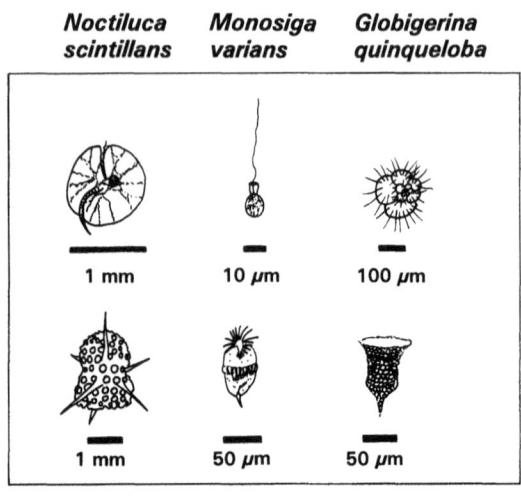

Abb. 20. Planktische Protozoen.

Meer (Siliziumdioxid durch Radiolarien, $CaCO_3$ durch Foraminiferen).

Die meisten Protozoen vermehren sich schnell durch Zellteilung. Die Generationszeiten liegen im selben Bereich wie die der einzelligen Algen, nämlich mehrere Stunden bis wenige Tage.

Beispiele (Abb. 20)

Der unpigmentierte Dinoflagellat *Noctiluca* ist einer der größten Einzeller mit ca. 1 mm Körpergröße und berühmt als einer der Hauptverursacher des Meeresleuchtens.

Monosiga gehört zu den Choanoflagellaten, die man an dem Kragen am geißelseitigen Zellende erkennt. Solitäre und koloniebildende Choanoflagellaten sind eine wesentliche Teilkomponente der bakterienfressenden HNF in Meeren und Binnengewässern.

Globigerina ist einer der wichtigsten Vertreter der nur im Meer vorkommenden planktischen Foraminiferen und hat einen wesentlichen Anteil an der Kalksedimentation der offenen Ozeane.

Lithomelissa ist ein Vertreter der ebenfalls auf das Meer beschränkten Radiolarien. Sie besitzen ein intrazelluläres Sauerstoff-Silizium-Skelett und haben nach den Diatomeen den zweitgrößten Anteil an der Silikatsedimentation der offenen Ozeane.

Strombidium ist eine Ciliatengattung, die sowohl im Meer als auch im Süßwasser vertreten ist.

Tintinnopsis ist eine ebenfalls in Meer und Süßwasser vertretene Ciliatengattung mit einer Schale (Lorica), die aus zusammengeklebten Partikeln wie z.B. Fragmenten von Kieselalgenschalen besteht.

Unter den Einzellern gibt es fließende Übergänge zwischen »Tieren« und »Pflanzen«

Während bei den vielzelligen Organismen Tiere und Pflanzen systematisch sauber getrennte Einheiten sind, hat bei den Einzellern der funktionelle Unterschied Tier-Pflanze keine systematische Bedeutung. Es gibt nicht nur häufig Zooplankter und Phytoplankter innerhalb derselben Gattung, sondern es gibt auch photosynthetisch aktive Einzeller, die zusätzlich Bakterien oder Phytoplankter fressen *(mixotrophe Ernährung)*. Ein weiterer Grenzfall sind *Endosymbiosen*, bei denen im Körper von Protozoen Algen leben, dort Photosynthese betreiben

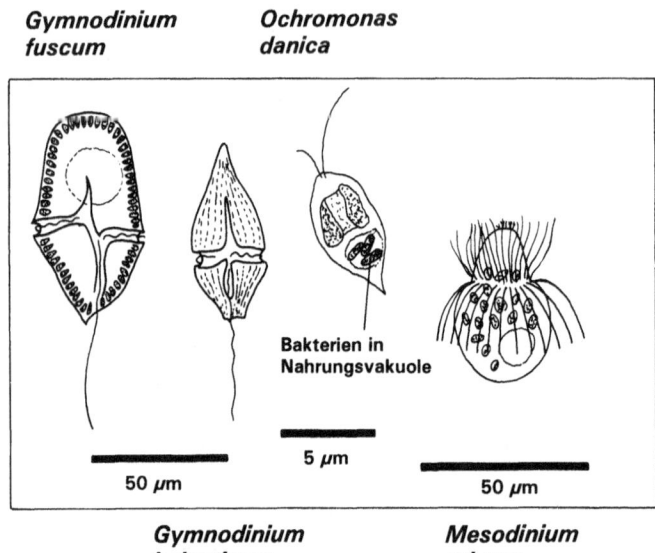

Abb. 21. Übergänge vom Tier zur Pflanze bei planktischen Protozoen.

und so den Gesamtorganismus mit organischen Substanzen versorgen.

> **Beispiele (Abb. 21)**
> *Gymnodinium* ist eine derjenigen Dinoflagellatengattungen, in der es Phytoplankter (z.B. *G. fuscum*) und Zooplankter (z.B. *G. helveticum*) gibt.
> *Ochromonas* ist ein photosynthetisch aktiver Vertreter der Chrysophyceae, der auch Bakterien frißt (Sanders u. Porter 1988).
> *Mesodinium rubrum* ist ein symbiontischer Ciliat, bei dem die Integration zwischen dem tierischem und den pflanzlichen Partnern besonders weit gediehen ist. Die endosymbiontischen Algen entsprechen dem Cryptophyten *Rhodomonas*. Ihre Zellen

sind jedoch weitgehend auf einen Chromatophor, ein Zellkernrudiment und eine Membran reduziert, so daß sie beinahe nur mehr den Status eines Organells des Gesamtorganismus haben.

Rädertiere (Rotatorien)

Die Rädertiere haben ihren Verbreitungsschwerpunkt im Süßwasser

Die Rädertiere (Rotatorien) sind die wichtigsten Vertreter des mehrzelligen Mikrozooplanktons in Binnengewässern. Besonders wenn Fraßdruck durch Fische die Krebse des Mesozooplanktons dezimiert, können sie eine dominante Rolle im Zooplankton einnehmen. Im Meer sind sie hingegen ziemlich unwichtig und nur durch wenige Arten vertreten.

Ihren Namen haben sie erhalten aufgrund des »Räderorgans«, ringförmig angeordnete Bänder von Wimpern am Kopfende der Tiere, die sowohl der Erzeugung des Nahrungsstrom als auch der Fortbewegung dienen. Durch die Bewegung der Wimpern entsteht im Mikroskop der Eindruck eines sich drehenden Rades.

Die meisten Rotatorien sind Filtrierer, die ihre Nahrung im Nanoplanktonspektrum suchen. Es gibt jedoch auch Räuber *(Asplanchna)* unter ihnen, die u.a. andere Rotatorien fressen, und Spezialisten, z.B. *Ascomorpha,* die dem Dinoflagellaten Ceratium die Hörner abbeißt und den Zellinhalt aussaugt.

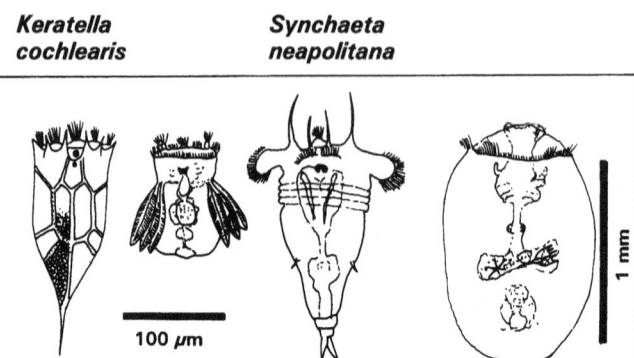

Abb. 22. Planktische Rädertierchen.

Beispiele (Abb. 22)

Keratella ist ein hartschaliges Rädertier des Süßwassers.

Polyarthra zeichnet sich durch federförmige Anhänge aus. Durch Zurückschlagen dieser Anhänge kann *Polyarthra* bei der Annäherung von Freßfeinden schnelle Fluchtsprünge vollführen.

Synchaeta ist ein weichhäutiges Rädertier, das kaum Fraßschutz vor seinen Räubern genießt. Diese Gattung hat auch einige marine Vertreter, z.B. die hier gezeigte *S. neapolitana*.

Asplanchna ist wesentlich größer als die anderen Rädertiere und ernährt sich räuberisch von Mikroplanktern, darunter auch aus ihrer eigenen Gattung.

Krebse (Crustacea)

Ursprünglich galten die planktischen Krebse als »die« Zooplankter schlechthin

Die planktischen Krebse waren die ersten Zooplankter, die überhaupt entdeckt wurden, und lange Zeit waren sie die einzige Gruppe, die bei Planktonuntersuchungen berücksichtigt wurde. Als man andere Gruppen, insbesondere die Protozoen, und deren Wichtigkeit im planktischen System entdeckte, mußte ihre relative Bedeutung zwar zurückgestuft werden, aber sie sind immer noch von ganz herausragender Wichtigkeit, weil

- sie meistens die Hauptnahrung planktonfressender, pelagischer Fische sind,
- oft ein großer Anteil der Biomasse des Zooplonktons von den Krebsen gestellt wird,
- ihr Anteil an der Sekundärproduktion in vielen Fällen kleiner ist als ihr Biomasseanteil, da sie über einen langsameren Stoffwechsel als die Protozoen verfügen. Dennoch ist er bedeutend,
- die planktischen Krebse die mit Abstand am besten untersuchten Zooplankter sind. Fast alle Grundkenntnisse über Ernährung und Funktion des Zooplankters beruhen auf Untersuchungen von Planktonkrebsen.

Obwohl es planktische Krebse in einer Reihe von Gruppen gibt, sind vor allem die Cladoceren (Blattfußkrebse), die Copepoden (Ruderfußkrebse) und einige Gruppen der Malacostraca (Höhere Krebse) wichtig.

Cladoceren vermehren sich schnell und werden auch schnell von Fischen gefressen

Der Körper und die Beine der Cladoceren sind ganz oder teilweise von zwei, vom Rücken ausgehenden Halbschalen (*Carapaxschalen*) umschlossen, die auf der Bauchseite klaffen. Die Beine sind blattförmig und tragen die Kiemen. Bei den filtrierenden Arten tragen sie auch die Filterkämme. Die Bewegung der Beine dient der Erzeugung des Atemwasser- und Filtrationsstroms, während die Schwimmbewegungen von den Antennen durchgeführt werden.

Cladoceren haben *kein Larvenstadium,* sondern aus den Eiern, die von den Muttertieren in einem Brutraum herumgetragen werden, schlüpfen Jungtiere, die den Erwachsenen ähnlich sind. Sie sind relativ groß, etwa ein Zehntel bis ein Fünftel der maximalen Körperlänge und bis zur Hälfte der Körperlänge erstmals eitragender Tiere. Die Fortpflanzung ist überwiegend *parthenogenetisch*, d.h. ohne Sexualität. Unter Normalbedingungen werden nur Weibchen ausgebildet. Die parthenogenetischen Eier schlüpfen sofort. Unter günstigen Bedingungen können alle 2 bis 3 Tage Eier ausgebildet werden, was eine *schnelle Vermehrung* gewährleistet.

Sexualität ist im Vergleich dazu ein seltenes Ereignis, tritt aber bei manchen Arten regelmäßig im Jahreszyklus auf. Männchen werden unter ungünstigen Umweltbedingungen – wie z.B. Hunger – ausgebildet. Die aus der sexuellen Fortpflanzung hervorgehenden Eier keimen nicht sofort, sondern dienen als Dauerstadien, die auf den Gewässerboden absinken und erst im nächsten Jahr auskeimen.

Cladoceren sind im Süßwasser mit mehreren hundert Arten weit verbreitet. Häufig sind sie die zahlenmäßig dominante Gruppe der planktischen Krebse, die

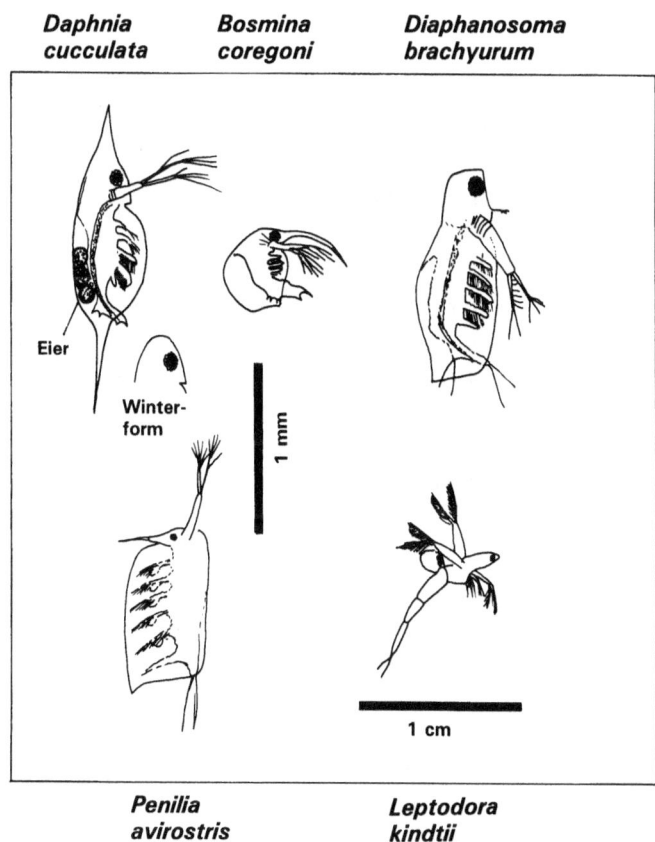

Abb. 23. Planktische Cladoceren.

wichtigsten Fischnährtiere der Freiwasserzone und die wichtigsten Freßfeinde des Phytoplanktons. Im Meer sind nur drei Gattungen mit insgesamt acht Arten vertreten, selbst diese sind auf den neritischen Bereich beschränkt.

Im Darminhalt planktonfressender Fische sind Cladoceren meistens überrepräsentiert. Da sie sich relativ langsam bewegen, werden sie im Vergleich zu gleichgroßen Copepoden bevorzugt gefressen. Starker Fraßdruck durch Fische ist oft an einem geringen Anteil der größeren Cladoceren, insbesondere der Daphnien am Zooplankton zu erkennen.

Beispiele (Abb. 23)

Daphnia (Wasserfloh) ist der am besten untersuchte Zooplankter des Süßwassers. Sie ist ein Filtrierer mit einem breiten Futterspektrum, dessen Untergrenze je nach Art 0,5 bis 2 µm und dessen Obergrenze 20 bis 50 µm beträgt. Einige Arten, darunter *D. cucculata*, machen einen jahreszeitlichen Formwechsel durch: Die Sommerform ist durch einen hohen »Helm« ausgezeichnet, während die Winterform rundköpfig ist. Der Helm gilt als Fraßschutz, der vor allem gegen planktische Räuber wirksam ist. Die Anlage von Helmen bei den Embryonen kann ähnlich wie die Vertikalwanderung durch Kairomone vorausgesetzt werden.

Bosmina ist etwas kleiner als die meisten Daphnia-Arten, ihr Futterspektrum ist etwas eingeschränkter – 2 bis 20 µm bei *B. coregoni*. Sie sind keine reinen Filtrierer und bei der Ernährung etwas wählerischer als Daphnien.

Diaphanosoma ist ein Feinfiltrierer mit einem Futterspektrum von 0,2 bis 5 µm Größe, der sich vor allem von Bakterien und Picoalgen ernährt.

Leptodora ist eine der wenigen räuberischen Cladoceren-Arten und ernährt sich von kleineren Zooplankter. Da sie wegen ihrer Größe ein besonders begehrtes Fischfutter ist, ist sie zur Verminderung ihrer Sichtbarkeit extrem durchsichtig.

Penilia ist einer der wenigen Cladoceren des Meeres und ernährt sich als Filtrierer von Pico- und Nanoplankton.

Copepoden vermehren sich meistens langsamer als Cladoceren, werden aber auch nicht so schnell weggefressen

Copepoden sind die wichtigsten Vertreter des Mesozooplanktons im Meer, aber auch in Binnengewässern wichtig. Sie haben einen spindel- bis eiförmigen Vorderkörper (Cephalothorax) mit langen Antennen, Mundgliedmaßen und 5 Paar Beinen auf der Bauchseite. Die Schwimmbewegungen werden von den Antennen durchgeführt. Dabei können sie zur Flucht vor Räubern auch schnelle Sprünge machen.

Der Entwicklungszyklus der Copepoden ist komplizierter und langwieriger als bei den Cladoceren. Die Fortpflanzung ist stets sexuell. Aus den Eiern schlüpfen *Naupliuslarven,* die bei 6 aufeinanderfolgenden Häutungen immer größer werden. Danach folgen 5 *Copepodid-*Stadien, deren Aussehen sich zunehmend an das der Erwachsenen annähert. Aus der darauffolgenden und letzten Häutung gehen erst die geschlechtsreifen Tiere hervor. Dieser Prozeß dauert je nach Art und Umweltbedingungen einige Wochen bis Jahre. Wegen der vergleichsweise langsameren Entwicklung können Populationen von Copepoden sich meistens nicht so schnell vermehren wie Cladoceren.

Aufgrund ihrer schnellen Fluchtbewegungen sind Copepoden für Fische schwerer zu erbeuten als Cladoceren. Da es im ozeanischen Bereich jedoch keine Cladoceren gibt, sind Copepoden dennoch die Hauptnahrung der planktonfressenden Schwarmfische des Meeres.

Beispiele (Abb. 24)

Die *Naupliuslarven* der Copepoden sind einander sehr ähnlich, so daß eine Bestimmung überaus schwierig ist. Im Meer gefundene Nauplien können

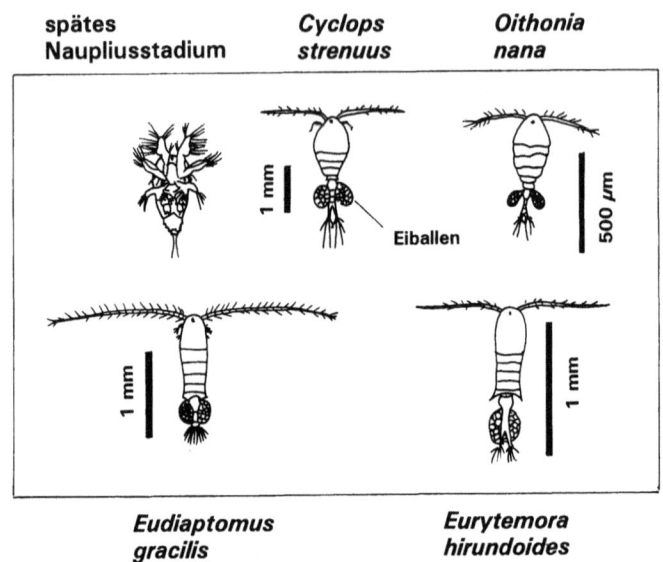

Abb. 24. Planktische Copepoden.

auch zu anderen, darunter auch auf dem Gewässerboden lebenden Krebsen gehören.

Eudiaptomus ist ein Vertreter des calanoiden Bauplans im Süßwasser, d.h. sie besitzen ein Gelenk hinter dem letzten Rumpfsegment, lange Antennen und ein Eiballen. Er ist ein Strudler, der sein Futter im Nanoplanktonbereich aussucht und recht selektiv sein kann.

Eurythemora ist eine der zahlreichen kalanoiden Copeodengattungen des Meeres und frißt ebenfalls in erster Linie Nanoplankter.

Cyclops und einige nahe verwandte Gattungen repräsentieren den cyclopiden Bauplan im Süßwasser, d.h. sie besitzen ein Gelenk zwischen letztem und vorletztem Rupfsegment, mittellange Antennen

und zwei Eiballen. Die Erwachsenen und die späten Copepodidstadien ernähren sich als Greifer von kleineren Zooplanktern, etwa bis zur Größe von jugendlichen Daphnien.
Oithonia ist einer der wenigen Vertreter des cyclopiden Bauplanes im marinen Zooplankton.

Höhere Krebse sind nur im marinen Plankton wichtig

Während planktische Larven häufig sind, ist unter den geschlechtsreifen Großkrebsen die Lebensweise auf dem Gewässerboden wesentlich stärker verbreitet als die planktische. Im Süßwasserplankton spielt nur die Süßwassergarnele *Mysis relicta* eine gewisse Rolle. Vor allem im Tiefenwasser der Meere gibt es planktische Garnelen und Flohkrebse, obwohl auch hier diese Gruppen überwiegend benthisch sind. Wichtig als Plankter ist vor allem die Gruppe der Euphausiacea, die vor dem Antarktischen Krill *(Euphausia superba)* berühmt geworden ist.

Beispiele (Abb. 25)

Euphausia superba ist ein etwa 5 cm großer Krebs, der in riesigen Schwärmen im Antarktischen Meer auftritt. Durch die Schwarmbildung ist seine Verbreitung extrem heterogen. Netzzüge innerhalb derselben Region können gelegentlich mehrere Tonnen Krill und dann wiederum gar nichts erbringen. In seinem Verbreitungsgebiet ist der Antarktische Krill die Hauptnahrung der Bartenwale, einer Robbenart, zahlreicher Wasservögel und Fische. Gleichzeitig ist er der wichtigste Filtrierer des Nano- und Mikrophytoplanktons, vor allem der Kieselalgen. Als Filtrationsapparat dienen die Bor-

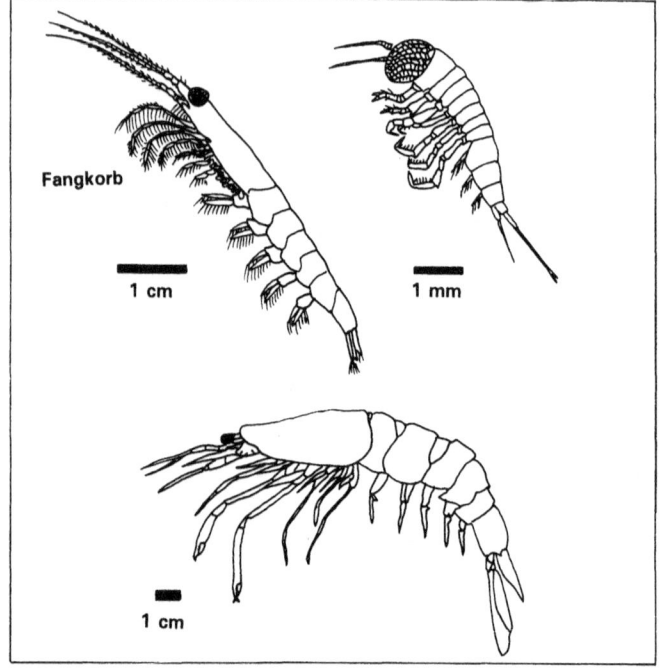

Abb. 25. Höhere Krebse des Planktons.

sten der Brustbeine, die einen geschlossenen Fangkorb bilden können. Wegen seiner riesigen Schwärme galt er zeitweilig als potentielle Proteinquelle für die menschliche Ernährung. Die hohen Fluorgehalte des Panzers, die nach dem Sterben der Tiere in das Fleisch eindringen, machen jedoch eine schnelle Schälung nach dem Fang erforderlich. Da der Krill im extrem kalten Wasser nur langsam wächst (mehrere Jahre Entwicklungszeit) und die Heterogenität seiner Verteilung auch zuverlässige Bestandsschät-

zungen erschwert, ist nach wie vor unklar, wieviel Krill tatsächlich gefischt werden kann, ohne die Bestände zu gefährden. Im Moment wird die Krillfischerei nur von wenigen Ländern betrieben (z.B. Japan) und spielt auch dort nur eine untergeordnete Rolle.
Parathemisto ist ein Vertreter der planktischen Flohkrebse (Amphipoda).
Pasiphaea ist eine besonders große planktische Garnele. Die hier abgebildete *P. tarda* kommt u.a. in den tieferen Zonen (250 m) des Nordatlantiks vor.

Großplankter

Die Großplankter (Makro- und Megazooplankton) sind im Süßwasser nur mit wenigen Arten vertreten, wie z.B. der Süßwassermeduse *Craspedacusta*. Im Gegensatz dazu gibt es eine große Vielfalt mariner Großplankter. Abgesehen vom bereits behandelten Antarktischen Krill, dessen Wichtigkeit über jeden Zweifel erhaben ist, ist ihre Bedeutung für die marinen Ökosysteme jedoch noch weitgehend unbekannt. Großplankter bilden fast immer Schwärme und sind daher sehr ungleichmäßig im Raum verteilt. Da sie wegen des geringen kommerziellen Interesses auch viel weniger untersucht wurden als die Schwarmfische, können nicht einmal ihre Häufigkeit und ihre Biomassen einigermaßen verläßlich geschätzt werden, von ihrer funktionellen Rolle ganz zu schweigen.

Für einige Gruppen ist das planktische Leben typisch, z.B. für das Medusenstadium der Nesseltiere *(Cnidaria)*, für die Rippenquallen *(Ctenophora)*, die Pfeilwürmer *(Chaetognatha)*, sowie für die pelagischen Gruppen der Manteltiere *(Tunicata)*: *Thaliacea* (Salpen) und *Ap-*

pendicularia. In anderen Gruppen hingegen sind Plankter eine Ausnahme, z.B. unter den Würmern und den Mollusken. Die planktischen Vertreter solcher Gruppen zeichnen sich meistens durch ein glasiges, transparentes Erscheinungsbild und einen hohen Anteil von wasserreichen Gallerten an der Biomasse aus. In vielen Fällen, z.B. bei kleinen Tintenfischarten ist der Übergang zwischen Plankton und Nekton fließend. Auch Jungfische der Freiwasserzone machen im Zuge ihres Wachstums einen fließenden Übergang vom Plankton zum Nekton durch.

Unter den Großplanktern sind sämtliche Ernährungstypen des Zooplanktons vertreten:

- Salpen, Appendicularien und Krill sind typische *Filtrierer*.
- Die meisten Quallen sind *Leimrutenfänger*, die relativ große Beuteorganismen (teilweise sogar Fische) erbeuten.
- Die Pfeilwürmer sind räuberische *Greifer*.

Sogar innerhalb einzelner verwandtschaftlicher Gruppen gibt es verschiedene Ernährungstypen. So ist die Rippenqualle *Pleurobrachia* mit Klebezellen an den Tentakeln ein typischer Leimrutenfänger, während die tentakellose Rippenqualle *Beroe* ein Räuber ist, deren Beutetiere nahezu die eigene Körpergröße erreichen.

Quallen

Sie gehören wegen ihrer Größe zu den auffälligsten Planktern. Häufig sind sie am Meeresstrand zu sehen, und viele Urlauber haben beim Baden schon unangenehme Erfahrungen mit ihren Nesselzellen gemacht. Ihre Bedeutung in den Meeresökosystemen ist noch weitgehend unbekannt. In den letzten Jahren mehren sich Anzeichen dafür, daß ihre Häufigkeit zunimmt, was entweder mit verstärkten Umweltbelastungen oder mit der Überfischung vieler Meeresgebiete erklärt wird. Da sich das Futterspektrum der Quallen mit dem vieler kommerziell genutzter Fischarten überschneidet, würde eine Dezimierung der Fischbestände mehr Futter für die Quallen übrig lassen, die ja selbst nicht gefangen werden.

Die meisten Quallen führen einen Generationswechsel durch, bei dem ein oft sehr kleines Polypenstadium am Meeresgrund sich mit dem wesentlich auffälligeren Medusenstadium im Plankton abwechselt. Das Polypenstadium vermehrt sich vegetativ – durch Knospung, das Medusenstadium vermehrt sich sexuell. Das auffälligste Merkmal des Medusenstadiums ist die Schwimmglocke, die hauptsächlich aus einer extrem wasserreichen Gallerte (98 % Wassergehalt) besteht. Liegen sie eine Weile im Trocknen, schrumpfen sie unaufhörlich und hinterlassen letztendlich nicht viel mehr als einen nassen Fleck. Diese Schwimmglocke kann durch Ringmuskeln zusammengezogen werden, wodurch Wasser aus dem inneren Glockenraum ausgestoßen wird und eine Schwimmbewegung nach dem Rückstoßprinzip auslöst. Am Glockenrand entspringen zusammenziehbare Tentakel, die dem Beuteerwerb nach dem Leimrutenprinzip dienen. Bei vielen Arten sind sie mit Nesselzellen versehen, die bei Berührung ein Gift in den Beuteorganismus injizieren. Dieses Nesselgift kann verschieden stark sein. Bei manchen Arten führt es bei Badenden, die zufällig mit einer Qualle in Berührung kommen, nur zu einer juckenden Hautreizung. Es gibt jedoch Arten, deren Nesselgift auch für den Menschen lebensgefährlich sein kann.

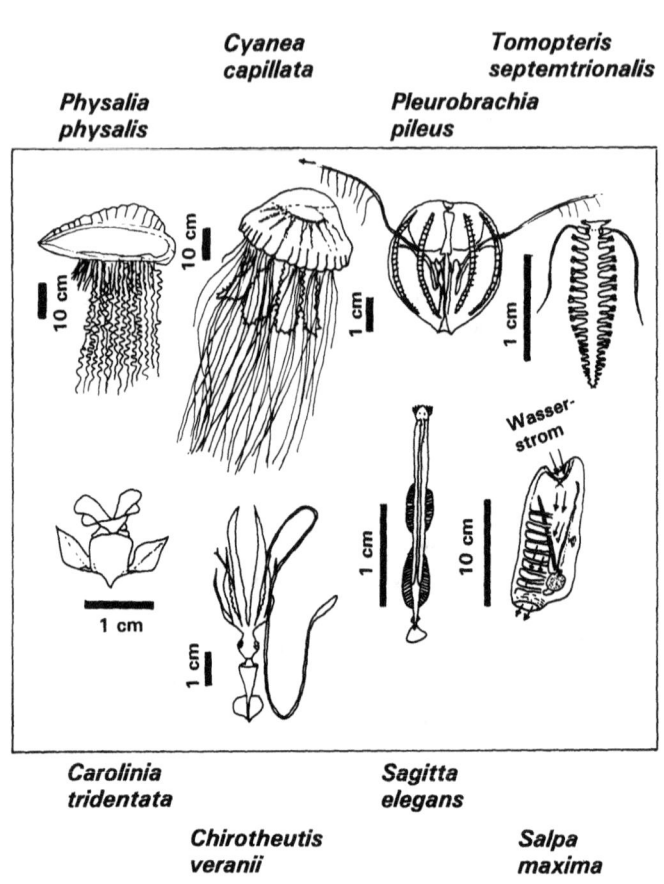

Abb. 26. Makro- und Megaplankter des Meeres.

Beispiele (Abb. 26)

Cyanea (Fahnenqualle) ist ein Vertreter der zu den Nesseltieren gehörenden Schirmquallen (Scyphozoa). Der Schirmdurchmesser erreicht mehrere Dezimeter, in arktischen Meeren existiert sogar eine 2 m große Art. Sie ist damit einer der größten Zooplankter überhaupt. Die Wirkung der Nesselzellen an den Tentakeln ist stark und kann auch für Menschen gefährlich sein.

Physalia (Portugiesische Staatsgaleere) ist ein Vertreter der ebenfalls zu den Nesseltieren gehörenden Staatsquallen (Siphonophora). Der Schirm hat mehrere Dezimeter Durchmesser, die zusammenziehbaren Tentakel können ausgestreckt viele Meter lang sein. Die Staatsgaleere gehört ebenfalls zu den stark nesselnden und gefährlichen Quallenarten.

Pleurobrachia ist ein Vertreter der Rippenquallen. Der Körper kann bis zu 12 cm groß sein, die Tentakel können entfaltet 1 m Länge erreichen. Sie sind mit Klebezellen, aber nicht mit Nesselzellen bestückt.

Tomopteris ist einer der wenigen planktischen Vertreter der ansonsten auf dem Gewässerboden lebenden Polychaeten (Borstenwürmer).

Carolinia ist ein Vertreter der ans planktische Leben angepaßten Flügelschnecken (Pteropoda).

Chirotheutis ist einer jener kleinen Tintenfische, die einen Grenzfall zwischen Plankton und Nekton darstellen.

Sagitta ist ein typischer Vertreter der recht einheitlich geformten, stets räuberisch lebenden Pfeilwürmer.

Salpa (Thaliacea) hat einen vollständig transparenten, gallertigen Körper in der Gestalt eines Hohlzylinders. Durch das Zusammenziehen von Ringmuskeln wird ein Wasserstrom durch den Körper erzeugt, der eine Fortbewegung nach dem Rückstoßprinzip ermöglicht. Beim Durchströmen des Innenraumes muß das Wasser zwei diagonal gestellte Kiemenbalken durchströmen, die neben der Atmung auch der Filtration von Futterpartikeln dienen. Durch vegetative Knospung können Ketten aus vielen Individuen entstehen, die bei der Art *Salpa maxima* bis zu 40 m Länge erreichen können.

Meroplanktische Larven

Das Plankton ist die »Kinderstube« vieler Meerestiere

Neben den Holoplanktern, die ihre gesamte Lebenszeit in der Freiwasserzone verbringen, gibt es eine Reihe von Meerestieren, bei denen lediglich die Larven- und Jugendstadien als Plankter leben. Das gilt zum einen für Tiere des *Nektons*, z.B. Fische und Tintenfische. Bei ihnen ist der Übergang von der planktischen zur schwimmenden Lebensweise in erster Linie eine Frage des Größenwachstums und der damit verbundenen Zunahme der Schwimmfähigkeit.

Eine besonders große Bedeutung haben planktische Larven jedoch für die Tiere des Gewässerbodens. Diese Tiere sind entweder völlig festgewachsen, wie z.B. die Seepocken, oder sie haben zumindest einen stark eingeschränkten Aktionsradius. Sie können nur durch ihre Larvenstadien – die planktischen Larven – eine Verbreitung über größere Distanzen erreichen. Larven dieser Tiere können zu bestimmten Jahreszeiten ein wichtiger Bestandteil des marinen Zooplanktons sein. Manche Larventypen sind über große Bereiche des Systems der Tiere verbreitet. So ist die *Trochophora* sowohl das Larvenstadium der *Polychaeten* (Borstenwürmer), *Nemertinen* (Schnurwürmer), *Sipunculiden* (Spritzwürmer) und *Bryozoen* (Moostierchen) als auch das erste Larvenstadium vieler Mollusken. *Naupliuslarven* sind Vorstadien

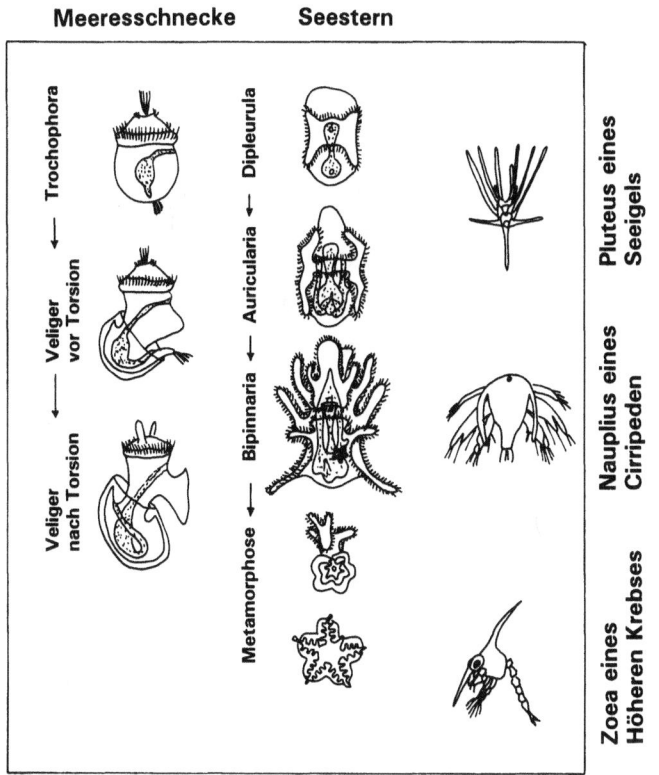

Abb. 27. Beispiele für planktische Larven (nach Sommer 1994).

einer ganzen Reihe von Krebstieren sowohl des Planktons als auch des Gewässerbodens.

Beispiele (Abb. 27)
Die Entwicklung von *Meeresschnecken* führt von der *Trochophora* über die *Veliger*-Larve.
Die Entwicklung eines *Seesternes* führt über mehrere Larvenstadien: *Dipleurula – Auricularia – Bipinnaria*. Im Gegensatz zum radiären Bauplan der erwachsenen Seesterne sind die Larven bilateral sym-

metrisch. Bei der Metamorphose wird ein Großteil des Larvenkörpers abgebaut.
Seeigel und *Schlangensterne* haben eine *Pluteus*larve.
Die festsitzenden *Cirripeden*, wie die Seepocken und Entenmuscheln, haben so wie viele andere Gruppen der Krebstiere (z.B. Copepoden, Euphausiacea) eine *Nauplius*larve. Im Gegensatz dazu haben die *Decapoda* (Zehnfüßige Krebse) eine *Zoea*larve.

6 Bakterio- und Mykoplankton

Welche Bedeutung hat das Bakterioplankton?

Das Bakterioplankton ist deshalb bedeutend, weil

- sie die häufigsten Plankter sind,
- sie die Hauptnahrung der einzelligen Zooplankter sind,
- sie einen hohen Anteil an den Stoffwechselleistungen des Planktons haben,
- bestimmte Stoffwechselleistungen wie Chemosynthese, Nitrat- und Sulfatatmung überhaupt nur von den Bakterien erbracht werden können.

Bakterien sind die häufigsten Plankter

Die Erforschung des Bakterioplanktons ist im Vergleich zu der des Phyto- und Zooplanktons jung. Bis Ende der 50er Jahren waren die Bakterien im Wasser eigentlich nur für Hygieniker und Abwasserforscher ein Schwerpunktproblem. Die bis dahin üblichen Verfahren, Bakterienzahlen im Wasser durch die Zahl der auf Nährböden im Labor aufwachsenden Kolonien zu schätzen, gab ein völlig falsches Bild von der Bedeutung der Bakterien im Gewässer. Denn die an niedrige Nahrungskonzentrationen angepaßten Bakterien können auf den in Labors hergestellten Nährböden überhaupt nicht wachsen und bleiben bei dieser Methode völlig unberücksichtigt.

Inzwischen hat die Einführung der Fluoreszenzmikroskopie ein wesentlich realistischeres Bild von der Häufigkeit und der Bedeutung der Bakterien ermöglicht. Bakterien werden mit Farbstoffen angefärbt, die unter Anregung durch kurzwelliges Licht im Mikroskop aufleuchten. Typisch für unbelastete Gewässer sind Bakteriendichten von einigen Millionen Individuen pro Milliliter. Bei Belastung durch Abwässer sind es noch wesentlich mehr. Bakterien sind damit in der Regel die häufigsten Plankter überhaupt. Ihre Biomasse ist durchaus mit der des Phytoplanktons und der des Zooplanktons vergleichbar. Auf Grund dessen sind sie auch die Hauptnahrung der auf ganz kleine Futterpartikel spezialisierten Zooplankter, insbesondere der Einzeller.

Bakterien haben einen hohen Anteil an der Stoffwechselleistung des Planktons

Der Anteil der Bakterien an den Stoffumsetzungen im Gewässer, vor allem an der Remineralisierung der organischen Substanzen – der Zerlegung in anorganische Bestandteile – geht weit über ihren Biomasseanteil am Plankton hinaus. Bakterien sind nicht nur die häufigsten, sie sind auch die kleinsten Plankter. Die meisten einzelligen Bakterien gehören in das Picoplankton, nur Kolonienbildner gehören manchmal in die größeren Kategorien. Derartig kleine Organismen sind in der Regel besonders aktiv, d.h. sie haben eine *hohe spezifische Stoffwechselleistung* pro Körpermasse.

Der schnelle Stoffwechsel führt zu einem schnellen Wachstum und einer schnellen Vermehrung. So sind Zellteilungszeiten von wenigen Stunden für viele Bakterien möglich. Allerdings verhindert Nahrungsmangel eine solch hohe Zellteilungsrate in den meisten Gewässern, so daß mit einer bis drei Verdopplungen pro Tag gerechnet werden muß.

Unter den Bakterien sind alle Grundtypen des Stoffwechsels vertreten

Allen Bakterien fehlt ein Zellkern und andere membranumschlossene Organellen. Zu ihnen gehören eigentlich auch die Blaualgen, aus funktionellen Gründen ist es jedoch üblich, sie zum Phytoplankton zu zählen. Im Gegensatz zu Pflanzen und Tieren, die jeweils nur einen Stoffwechseltyp repräsentieren, sind unter den Bakterien alle Stoffwechseltypen vertreten. Wir geben hier nur einen sehr kurzen Überblick über die Vielfalt des bakteriellen Stoffwechsels (weitere Details s. Schlegel 1992).

Eine vereinfachte Typologie des Baustoffwechsels von Organismen geht von den drei Grundvoraussetzungen des Aufbaus körpereigener, organischer Substanz aus: der Energiequelle, der Kohlenstoffquelle und des Reduktionsmittels.

- Für den Baustoffwechsel der Organismen gibt es nur zwei mögliche Energiequellen: das Licht und die freiwerdende Energie chemischer Reaktionen. Organismen, die die Lichtenergie nutzen, werden als *phototroph* bezeichnet. Organismen, die chemische Energie nutzen, werden als *chemotroph* bezeichnet.

- Organismen, die organische Substanzen aus anorganischen aufbauen, haben eine anorganische Kohlenstoffquelle, also Kohlendioxid (CO_2) oder das daraus durch Dissoziation entstehende Bikarbonation (HCO_3^-). Sie werden als *autotroph* bezeichnet. Organismen, die auf eine organische Kohlenstoffquelle angewiesen sind, werden als *heterotroph* bezeichnet.
- Kohlendioxid ist die oxidierteste Verbindung des Kohlenstoffs. Um daraus organische Substanzen zu bilden, ist eine Reduktion des Kohlendioxids nötig, für die ein chemisches Reduktionsmittel benötigt wird. Bei *lithotrophen* Organismen ist das eine anorganische Substanz – z.B. das Wasser bei der pflanzlichen Photosynthese und der Schwefelwasserstoff bei der bakteriellen Photosynthese. Bei *organotrophen* Organismen dienen organische Substanzen als Reduktionsmittel.

Der Stoffwechseltypus eines Organismus wird nun durch zusammengesetzte Begriffe definiert, die alle drei Komponenten enthalten:

- Der pflanzliche Stoffwechsel ist demnach photolithoautotroph: Licht als Energiequelle, Kohlendioxid als Kohlenstoffquelle.
- Tiere und viele Bakterien haben einen chemoorganoheterotrophen Stoffwechsel: Organische Substanzen dienen als Kohlenstoff- und Energiequelle sowie als Reduktionsmittel.

Unter den Bakterien sind aber noch andere Kombinationen vertreten, die im folgenden behandelt werden sollen.

Bakterien mit pflanzlichem Stoffwechsel

Die bakterielle Photosynthese setzt keinen Sauerstoff frei

Zu den Bakterien mit pflanzlichem Stoffwechsel gehören einerseits die Blaualgen (Cyanobakterien) und Prochlorophyten (blaualgenähnliche Organismen mit einer Pigmentausstattung wie Grünalgen), die wegen des sauerstoffbildenden Typs ihrer Photosynthese hier nicht behandelt werden. Andererseits gehören auch die grünen Schwefelbakterien und die Purpurbakterien dazu.

Die bakterielle Photosynthese nutzt nicht das Wasser als Reduktionsmittel und setzt daher auch keinen Sauerstoff frei. Als Reduktionsmittel dienen Schwefelwasserstoff (grüne Schwefelbakterien, Schwefelpurpurbakterien) oder Wasserstoff (schwefelfreie Purpurbakterien). Bei der Nutzung von Schwefelwasserstoff werden Schwefel oder Sulfat als oxidierte Endprodukte gebildet. Purpurbakterien der Gruppe Chromatiacea lagern den Schwefel in ihren Zellen ab und können ihn bei Schwefel-Wasserstoff-Mangel ersatzweise als Reduktionsmittel nutzen.

Bakterien mit pflanzlichem Stoffwechsel benötigen die Kombination von Anaerobie und Licht

Schwefelwasserstoff und Wasserstoff werden als Endprodukte des anaeroben Abbaus organischer Substanzen in sauerstofffreien Tiefenzonen oder im Sediment gebildet. Schwefelwasserstoff kann auch durch vulkanische Gasquellen (Solfataren) freigesetzt werden. Da

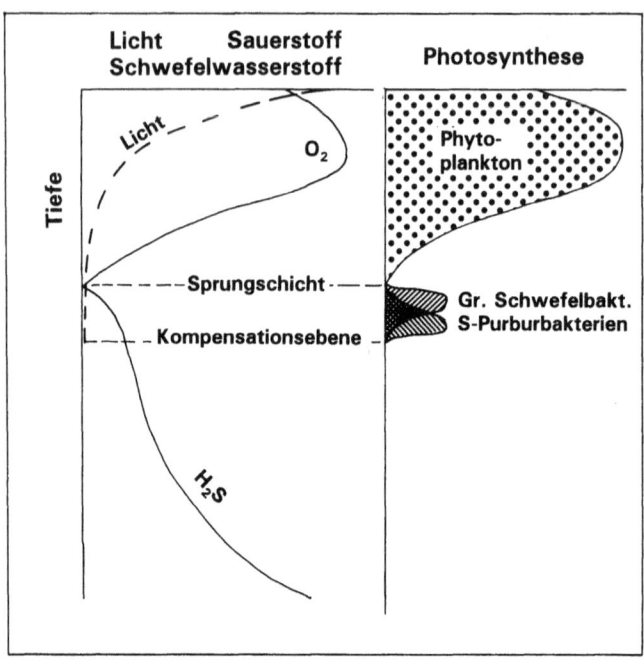

Abb. 28. Typische Vertikalzonierung der phytoplanktischen und der bakteriellen Photosynthese.

Schwefelwasserstoff und Wasserstoff durch Sauerstoff oxidiert werden, können sie sich nur in anaeroben Zonen der Gewässer halten. Die bakterielle Photosynthese ist daher nur dort möglich, wo die sauerstoffbildende Photosynthese des Phytoplanktons aus Lichtmangel so schwach ist, daß sie von Sauerstoffzehrung durch Atmungsprozesse aufgewogen wird und kein zusätzlicher Sauerstoff von der Gewässeroberfläche her eindringen kann. Da die photolithoautotrophen Bakterien aber auch selbst Licht benötigen, sind sie auf eine oft sehr dünne Tiefenschicht beschränkt, in der einerseits Sauerstofffreiheit herrscht, andererseits aber genug Licht durchkommt. Eine derartige Kombination tritt in erster Linie dann auf,

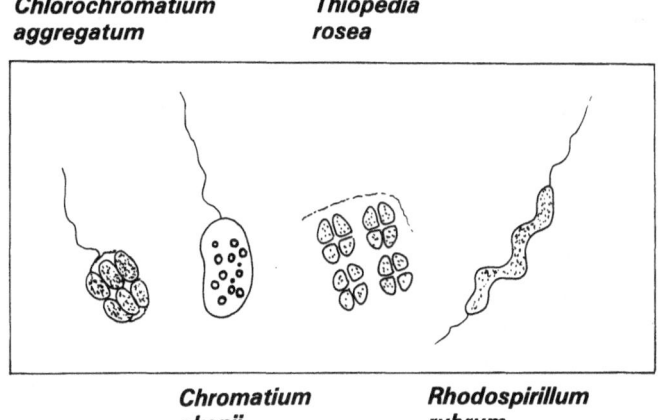

Abb. 29. Photosynthetische Bakterien.

wenn die Kompensationsebene etwas unterhalb der Sprungschicht liegt (Abb. 28).

Aufgrund dieser vertikalen Position sind photosynthetische Bakterien typische Schwachlichtorganismen. Ihre Pigmentausstattunung wie z.B. bei den grünen Schwefel- oder den Purpurbakterien ist so ausgelegt, daß die spektralen Optima in einem Bereich liegen, in dem das über ihnen angeordente Phytoplankton nur schwach adsorbiert und viel Licht durchläßt.

Im Gegensatz zu den meisten anderen Bakterioplanktern haben Bakterien mit pflanzlichem Stoffwechsel relativ große Zellen (mehrere Mikrometer) oder Kolonien mit einer klar begrenzten Morphologie, die eine Artbestimmung ermöglicht.

Beispiele (Abb. 29)

Chlorochromatium aggregatum ist eigentlich ein symbionitischer Komplex aus zwei Bakterienarten. Auf einem beweglichen, geißeltragenden Bakterium

ohne Pigmente sitzen unbewegliche, grüne Schwefelbakterien.
Chromatium ist ein begeißeltes Schwefelpurpurbakterium. Die im Zellinneren abgelagerten Schwefelkörner sind stark lichtbrechend und fallen daher im Mikroskop auf.
Thiopedia ist ein Schwefelpurpurbakterium, das plattenförmige Kolonien mit einer regelmäßigen Anordnung der Zellen bildet.
Rhodospirillum ist ein schwefelfreies Purpurbakterium. Seine schraubig gewundenen Zellen sind an beiden Enden begeißelt.

Chemosynthetische Bakterien

Diese Bakterien nutzen chemische Reaktionen als Energiequelle ihres Baustoffwechsels

An Stelle des Lichts dienen diesen Bakterien chemische Reaktionen als Energiequelle. Bei den Reaktionen wird ein reduziertes Ausgangsprodukt mit Sauerstoff oder einer sauerstoffreichen Verbindung oxidiert und dadurch Energie für den Baustoffwechsel verfügbar. Viele dieser Bakterien sind an dünne Grenzschichten gebunden, in denen von oben der Sauerstoff und von unten das reduzierte Ausgangsprodukt bereitgestellt wird.

Bedingungen, die die Entwicklung von Chemosynthetikern vorteilhaft fördern, sind im Sediment am Gewässerboden viel häufiger als in der Freiwasserzone. Da Chemosynthetiker jedoch auch als Plankter auftreten können, sollen die wichtigsten Typen kurz vorgestellt werden.

Nitrifizierende Bakterien gewinnen ihre Energie aus der Oxidation von anorganischen Stickstoffverbindungen

Die nitrifizierenden Bakterien nehmen insofern eine Sonderstellung ein, als das reduzierte Ausgangsprodukt Ammonium nicht nur durch den Abbau von Aminosäuren in anaeroben Zonen, sondern auch durch die Exkretion von Zooplanktern im aeroben Mileu bereitgestellt wird. Die Oxidation des Ammoniums vollzieht sich in zwei Schritten, die von zwei verschiedenen, miteinander vergesellschafteten Bakterien geleistet wird: *Nitrosomonas* oxidiert Ammonium zu Nitrit; *Nitrobacter* oxidiert Nitrit zu Nitrat.

Farblose Schwefelbakterien nutzen die Oxidation der Schwefelverbindungen als Energiequelle

Bakterien aus der begeißelten Gattung *Thiobacillus* führen eine Reihe von Oxidationsreaktionen durch, von denen nur einige Beispiele genannt sein sollen:

- Schwefelwasserstoff zu Schwefel,
- Schwefel zu Sulfat,
- Thiosulfat zu Sulfat.

Meistens dient der Sauerstoff als Oxidationsmittel, das anaerob lebende Bakterium *Thiobacillus denitrificans* nutzt jedoch Nitrat als Oxidationsmittel.

Metalloxidierende Bakterien nutzen die Oxidation von Metallionen zur Energiegewinnung

Verschiedene Metalle, z.B. das Eisen und das Mangan, treten in mehreren Oxidationsstufen auf. Die durch die Oxidation der reduzierten Formen gewinnbare Energie kann durch Bakterien, wie z.b. Eisenbakterien der Gattungen *Galionella*, *Ferrobacillus* und *Leptothrix*, genutzt werden.

Heterotrophe Bakterien

Aerobe, heterotrophe Bakterien des Planktons sind an niedrige Konzentrationen organischer Substanzen angepaßt

Im größten Teil der Freiwasserzone befindet sich Sauerstoff. Dementsprechend spielen die aeroben heterotrophen Bakterien auch die bei weitem wichtigste Rolle im Bakterioplankton. Ihr Ernährungsmodus entspricht im Prinzip dem der Tiere. Der Hauptunterschied besteht aber darin, daß sie gelösten, organischen Kohlenstoff (DOC) anstelle von festen Futterpartikeln nutzen. Ihre Atmung stimmt ebenfalls mit der Atmung der Tiere überein: Organische Substanzen werden durch Sauerstoff zu Kohlendioxid und Wasser oxidiert.

Die Mehrzahl der chemoorganoheterotrophen Bakterien sind an niedrige Konzentrationen nutzbarer organischer Substanzen angepaßt. Sie wachsen deshalb nicht auf den üblichen Nährböden oder Flüssigmedien, weil sie durch die Methode der Plattenkeimzahlen nicht erfaßt werden können. Das Bakterienwachstum im Plankton ist meistens kohlenstoffbegrenzt. Die Vermehrungsraten liegen in natürlicher Umgebung bei einer oder wenigen Teilungen pro Tag. Bei reichlicher Nahrungsversorgung im Labor wäre eine Teilung innerhalb weniger Stunden möglich. Lediglich in Abwässern oder stark von Abwässern beeinflußte Gewässer sind die Konzentrationen des niedrigmolekularen gelösten organischen Kohlenstoffs so hoch, daß sich an hohe Nährstoffkonzentrationen angepaßte Bakterien in größerer Menge entfalten können.

Sauerstoffreie heterotrophe Bakterien sind entweder Gärer oder anaerobe Atmer

Auch in den sauerstoffreien Zonen eines Gewässers gibt es heterotrophe Bakterien. Sie können ihren Energiebedarf nicht durch die Oxidation organischer Substanzen durch Sauerstoff gewinnen, sondern ihnen dienen als alternative Möglichkeiten die sauerstoffreie *Atmung* und die *Gärung*.

Als Oxidationsmittel dienen hier an Stelle des Sauerstoffs sauerstoffreiche Ionen, in erster Linie das Nitrat und das Sulfat. Bei der *Nitratatmung* werden organische Substanzen vollständig zu Kohlendioxid und Wasser oxidiert, das Nitrat verliert seinen Sauerstoff und wird zu Stickstoff (Denitrifikation) oder Ammonium (Nitratammonifiakation) reduziert. Bei der *Sulfatatmung* werden aus dem Sulfat sauerstoffärmere Schwefelverbindungen – Schwefelwasserstoff, Schwefel und Thiosulfat. Die organische Substanz wird jedoch nicht vollständig veratmet, sondern es bleiben organische Restprodukte, wie Essigsäure, übrig.

Bei der *Gärung* werden organische Substanzen unter Energiegewinn in Kohlendioxid und Alkohole, organische Säuren und extrem reduzierte gasförmige Bestandteil wie Methan, Wasserstoff, Schwefelwasserstoff und Ammonium zerlegt.

Heterotrophe Bakterien können Phosphor und Stickstoff aus dem Wasser aufnehmen

Ursprünglich galt es als selbstverständlich, daß heterotrophe Bakterien nicht nur in bezug auf den Kohlenstoff, sondern auch auf andere biogene Elemente, z.B. Stickstoff oder Phosphor, heterotroph sind. Es wurde also angenommen, daß Bakterien ihren Stickstoff- und Phosphorbedarf aus ihrer organischen Nahrung decken müssen. Wenn dabei ein Überschuß von Stickstoff oder Phosphor in der Bakteriennahrung besteht, würden sie diesen als anorganische Ionen freisetzen und den Phytoplanktern zur Verfügung stellen. Ihre Rolle wurde daher als *Remineralisierer* definiert.

Neuere Forschungsergebnisse haben aber gezeigt, daß heterotrophe Bakterien durchaus Ammonium und Phosphat aus dem Wasser aufnehmen und damit als Konkurrenten der Phytoplankter auftreten können. Sie sind dabei besonders effektiv und zuweilen konkurrenzstärker als die Phytoplankter, besonders dann, wenn die Konzentrationen niedrig und gleichmäßig sind.

Mykoplankton

Planktische Pilze sind in der Freiwasserzone aller Gewässer anzutreffen. Ihre Ernährung ist durchweg chemoorganoheterotroph. Innerhalb dieser Eingrenzung gibt es jedoch eine große Vielfalt von Ernährungsmöglichkeiten:

- Nutzung gelöster, organischer Substanzen,
- Ernährung von abgestorbenen Organismen oder Organismenteilen,
- Parasitismus (Befall lebender Organismen),
- sogar eine räuberische Ernährung ist möglich, z.B. durch *Zoophagus insidians*, der Fangfäden ausbildet, mit denen er Rädertierchen und andere Mikrozooplankter einfängt.

Unter Mykoplanktern gibt es wichtige Parasiten des Phytoplanktons

Am meisten weiß man inzwischen über *algenparasitische Pilze,* vor allem aus der Gruppe der *Chitrydiomyceten.* Es handelt sich dabei eigentlich um »Parasitoide«, also ein Übergangsstadium zwischen Parasiten und Räubern, da sie ihre Opfer stets töten und nicht nur beeinträchtigen. Sie sind meistens extrem wirtsspezifisch. Oft befällt eine Chitrydiomycetenart nur eine Algenart, wie z.B. *Rhizophydium planktonicum* die Kieselalge *Asterionella formosa.* Die Parasitoide können sich sehr schnell vermehren und verbreiten und so auch Algenpopulationen ausrotten, die selbst in aktiver Vermehrung begriffen sind.

Der Lebenszyklus der Chitrydiomyceten umfaßt eine *geschlechtliche* und eine *ungeschlechtliche Vermehrung* (Abb. 30). Die Infektion erfolgt durch eingeißelige Zoosporen. Diese heften sich mit der Geißel an der Zellwand des Wirtes an. Danach treiben sie wurzelähnliche Gebilde (Rhizoide) in die Wirtszelle vor, die allmählich deren Inhalt zerstören und aussaugen.

Im *ungeschlechtlichen Zyklus* entwickelt sich der Zellkörper des Zooflagellaten außerhalb der Wirtszelle zu einem Sporenbehälter (Sporangium). Wenn dieser ge-

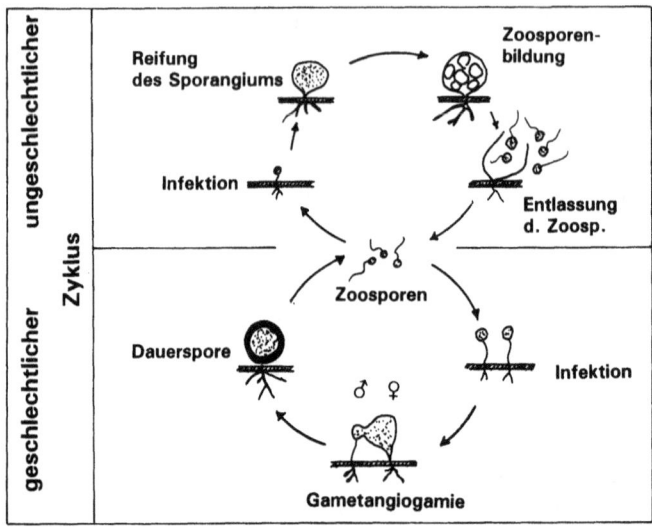

Abb. 30. Lebenszyklus eines algenparasitischen Chitrydiomyceten.

reift ist, finden innerhalb des Sporenbehälters Zellteilungen statt, aus denen neue Zoosporen hervorgehen. Diese können andere Wirtszellen befallen. Im *geschlechtlichen Zyklus* entwickeln sich die angehefteten Zoosporen zu großen – weiblichen – und kleinen – männlichen – Fortpflanzungszellen (Gametangien). Der Geschlechtsakt ist eine Gametangiogamie, bei der die Zellinhalte der weiblichen und der männlichen Fortpflanzungszellen miteinander verschmelzen, ohne daß begeißelte geschlechtlich differenzierte Fortpflanzungszellen ausgebildet werden. Aus der Gametangiogamie geht eine Zygote hervor, die als Dauerspore dient. Sie ist das einzige Stadium, in dem sie über einen doppelten Chromosomensatz verfügt. Bei der Keimung der Dauersporen kommt es dann zur Reduktionsteilung. Die daraus hervorgehenden Zoosporen haben wieder nur einen einfachen Chromosomensatz.

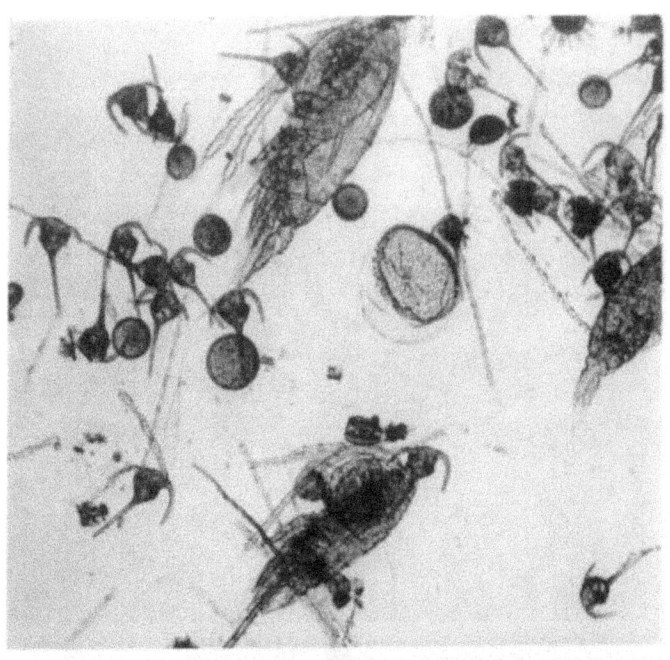
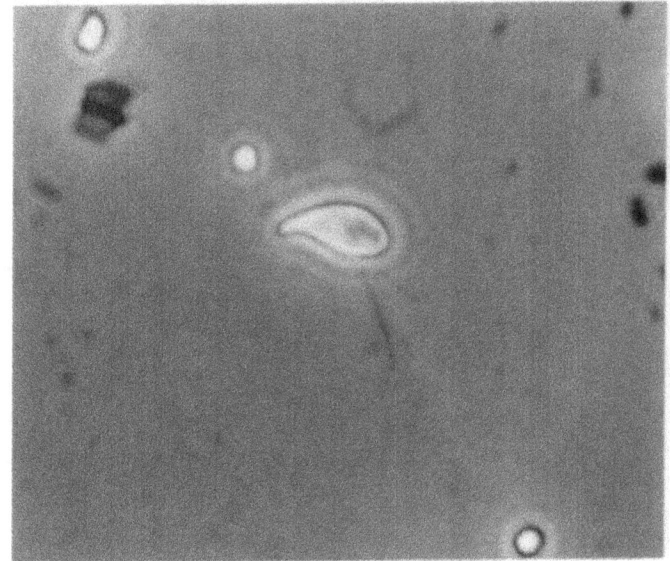

Tafel 1

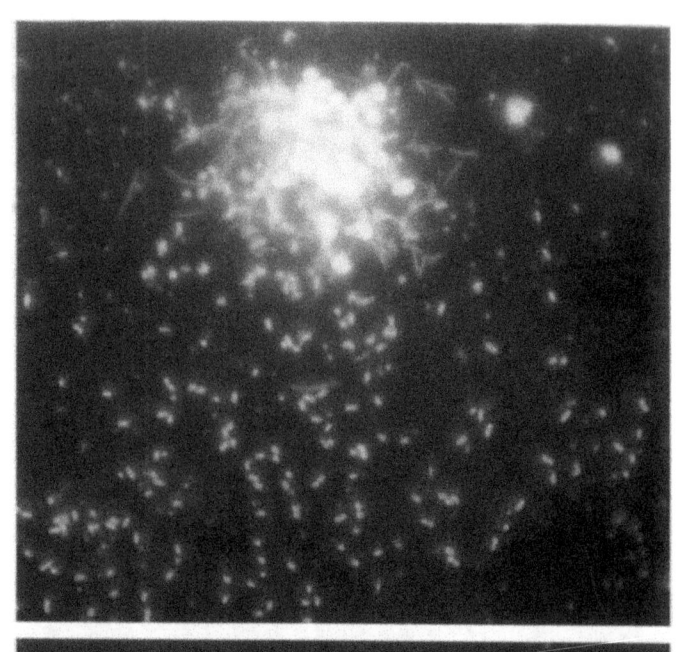
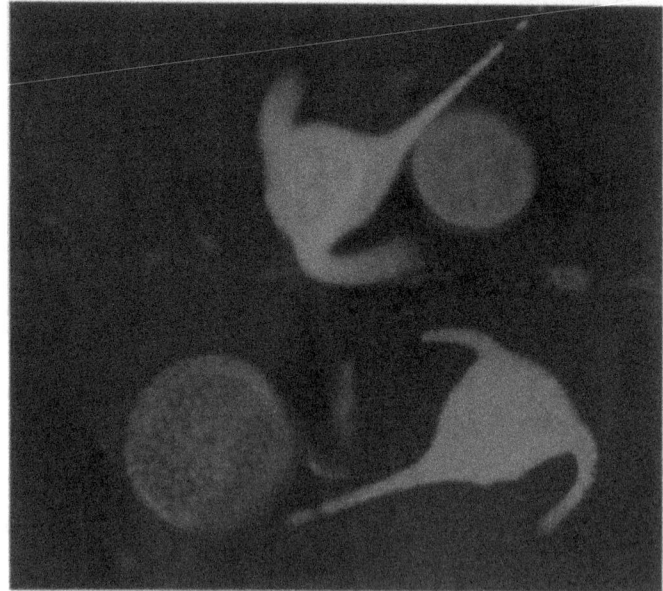

Tafel 2

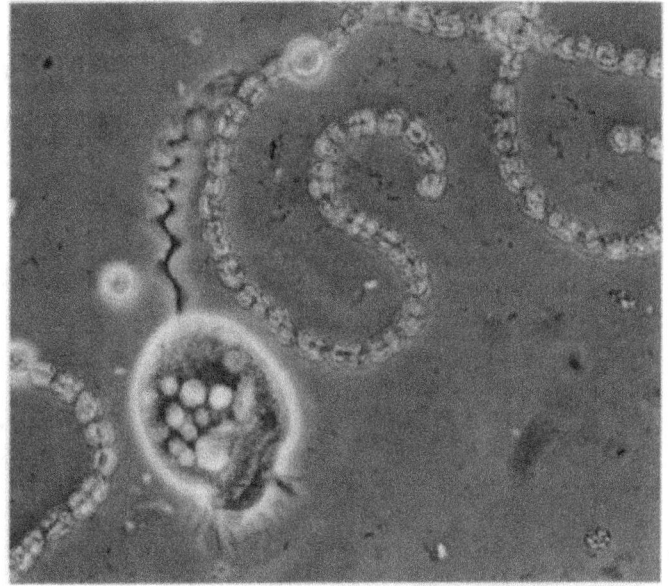

Tafel 3

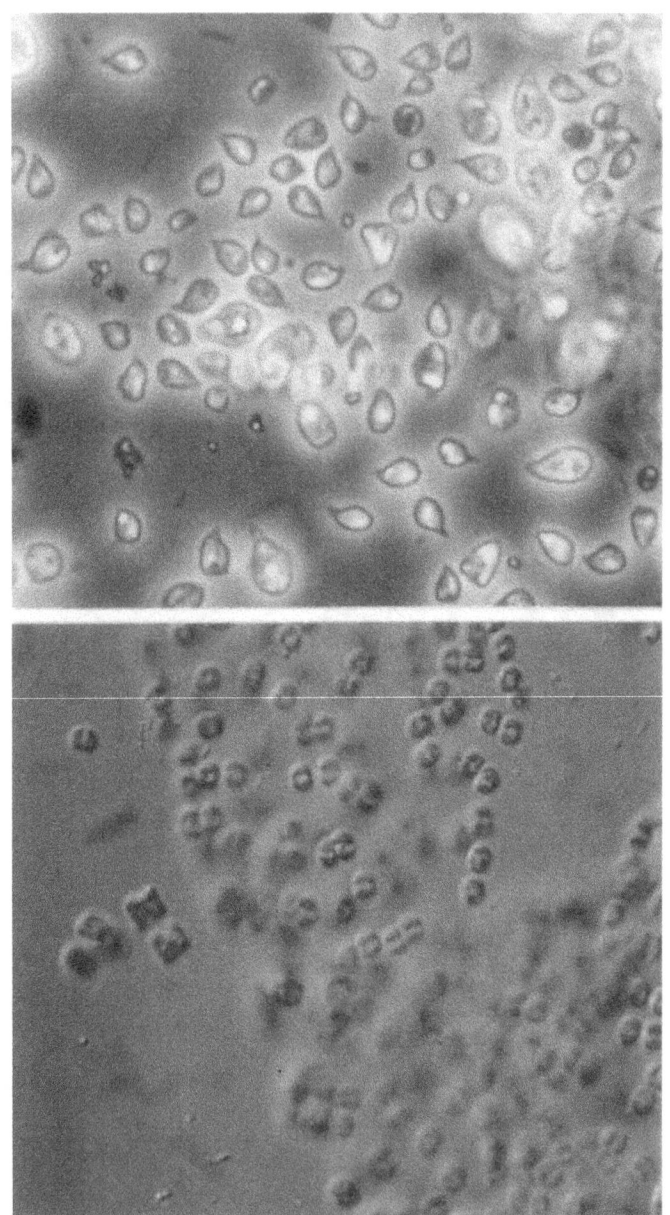

Tafel 4

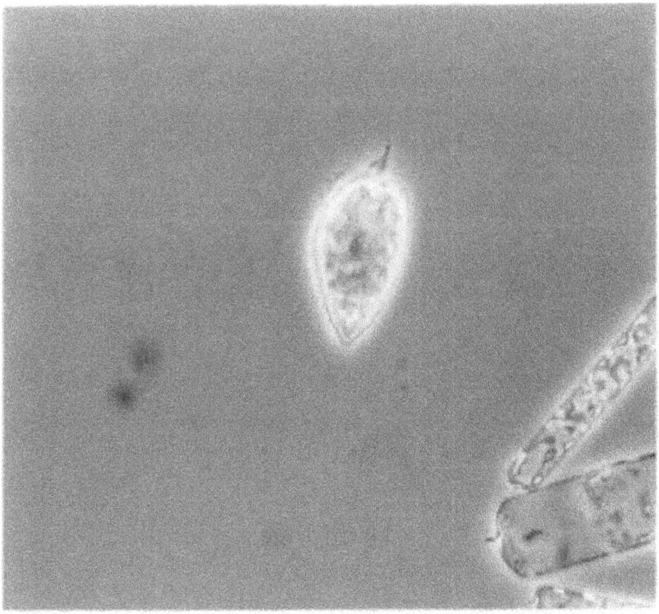

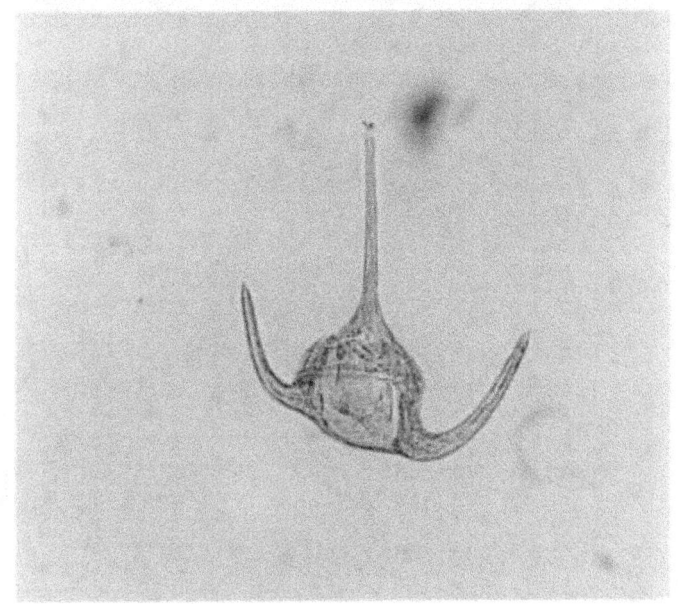

Tafel 5

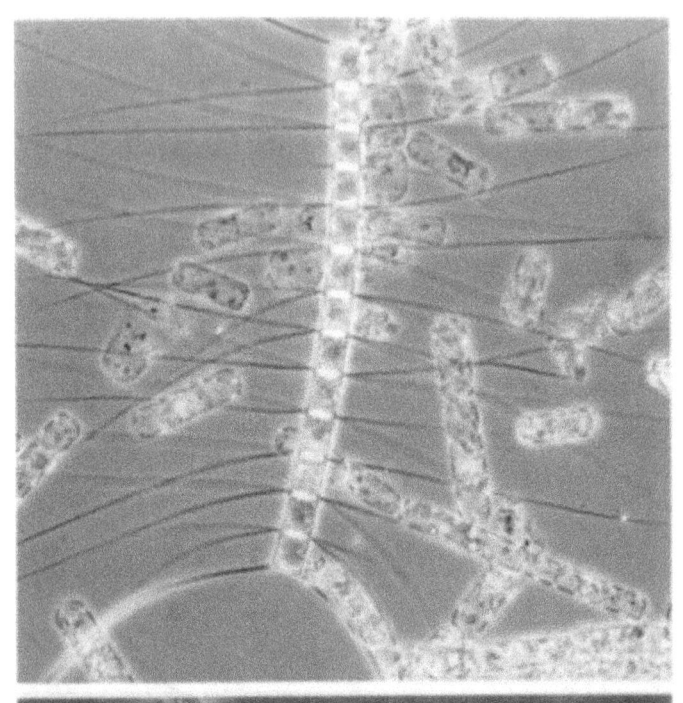
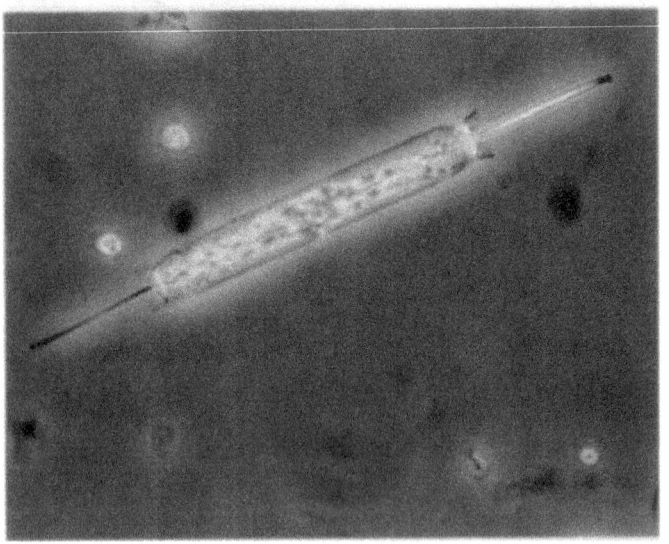

Tafel 6

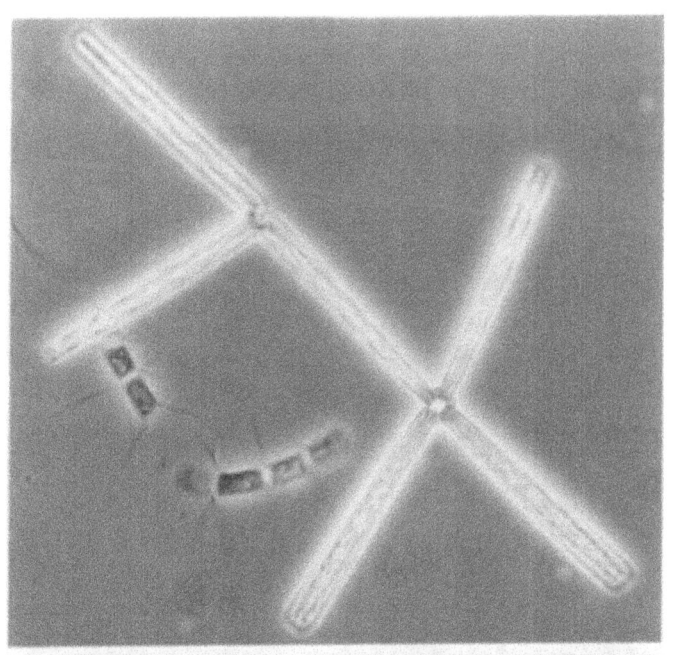

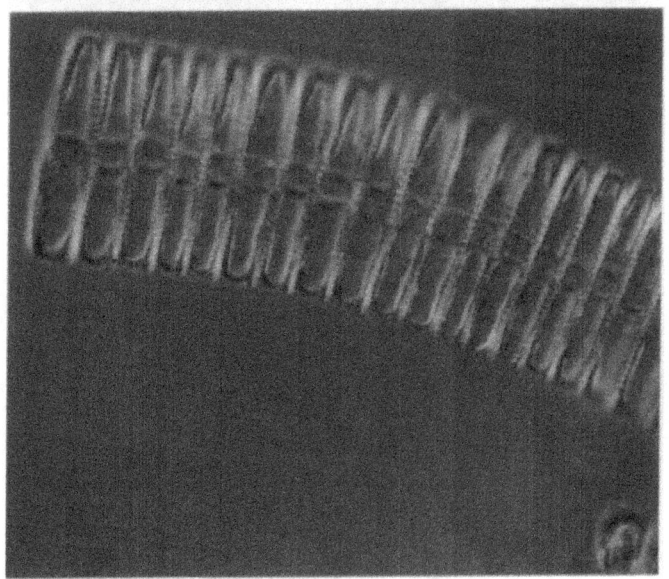

Tafel 7

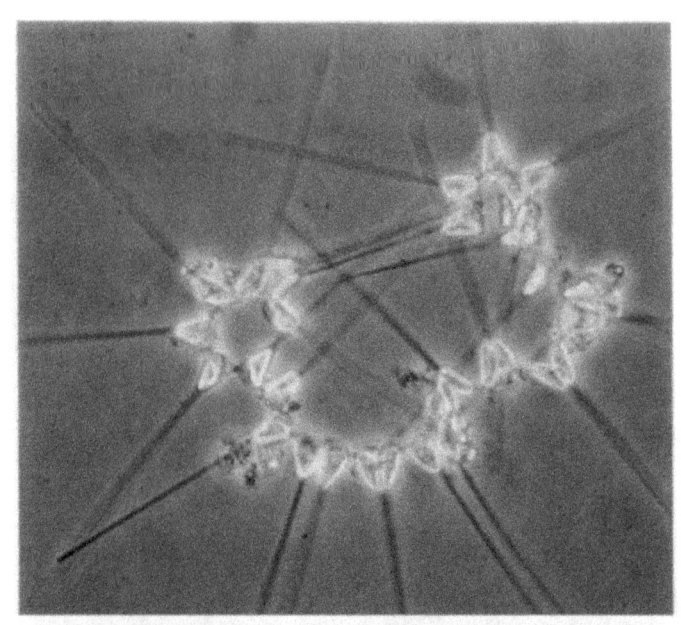

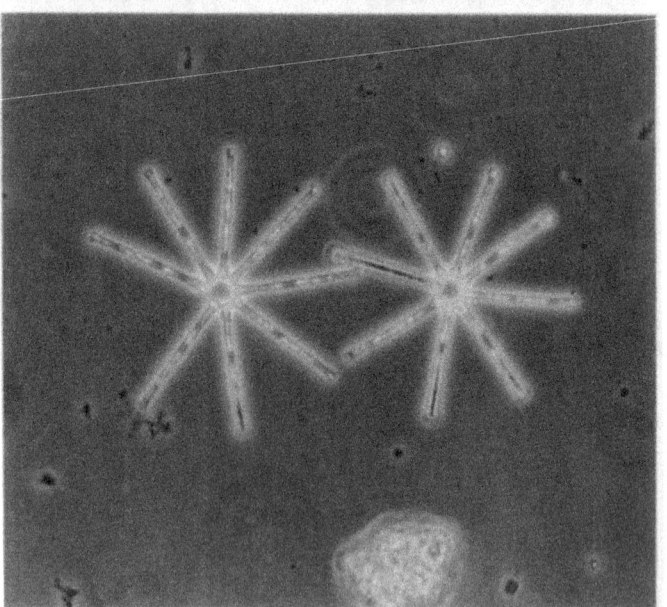

Tafel 8

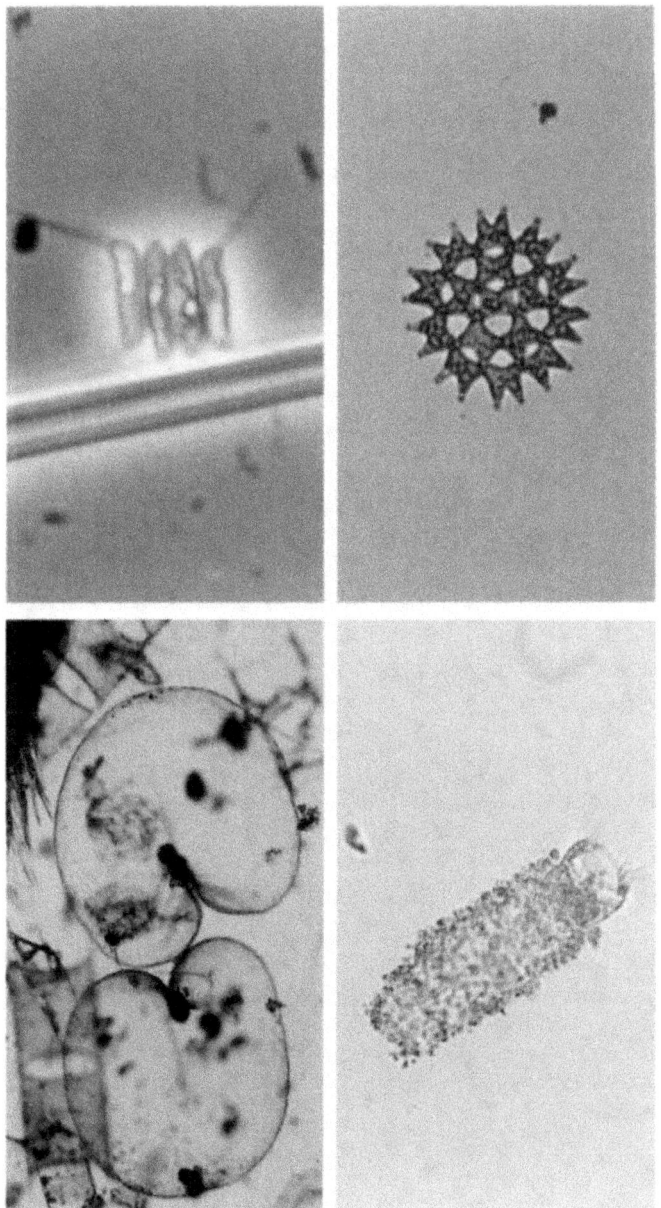

Tafel 9

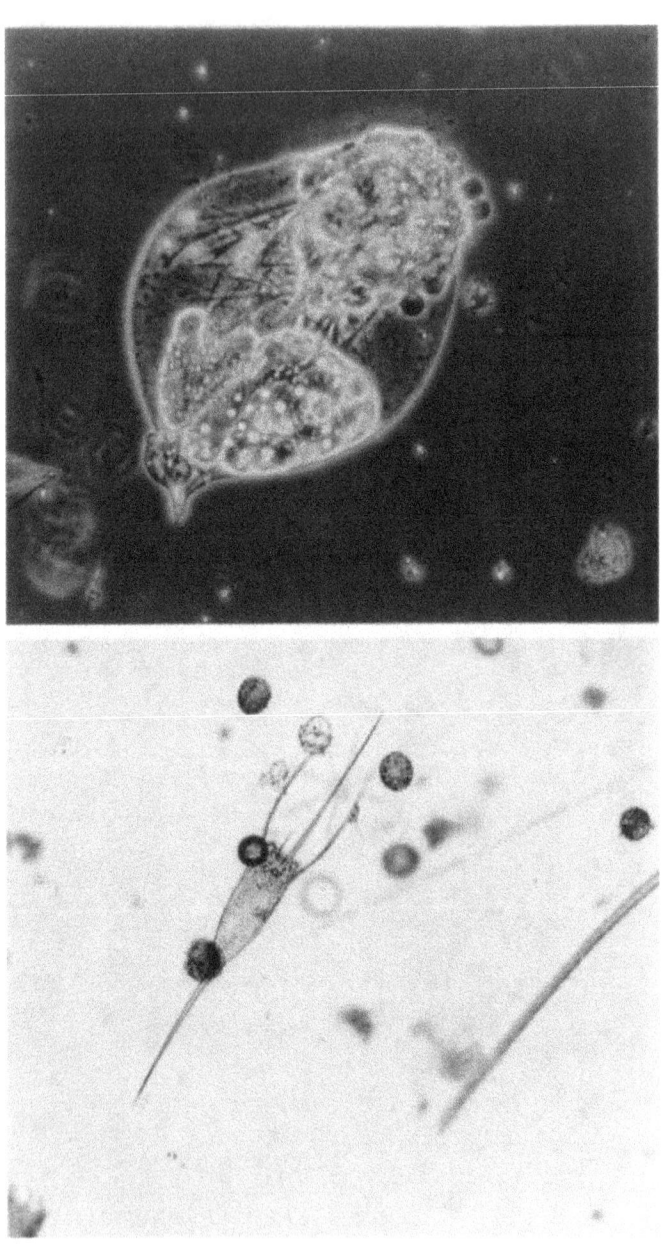

Tafel 10

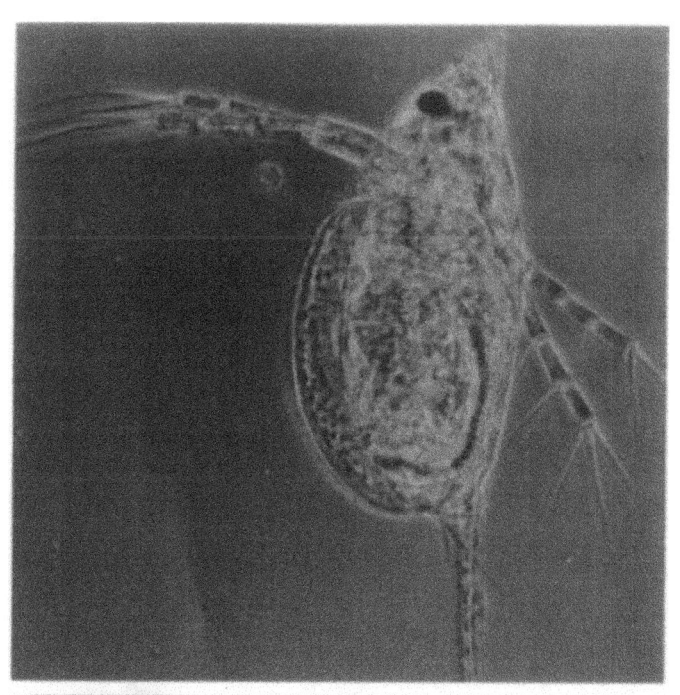
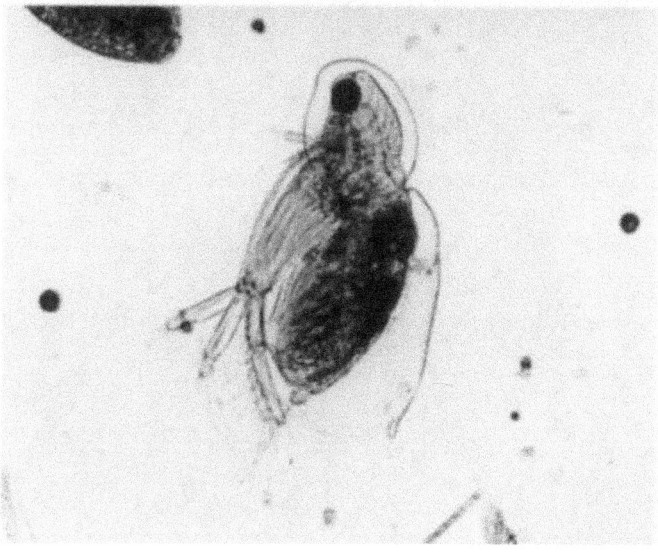

Tafel 11

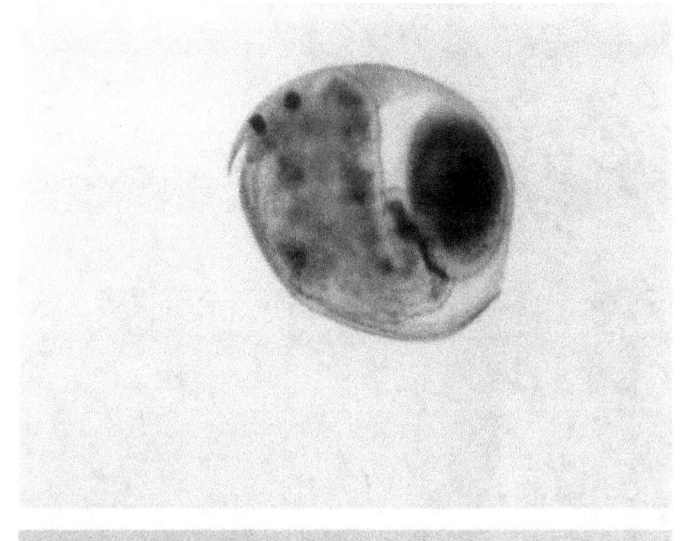

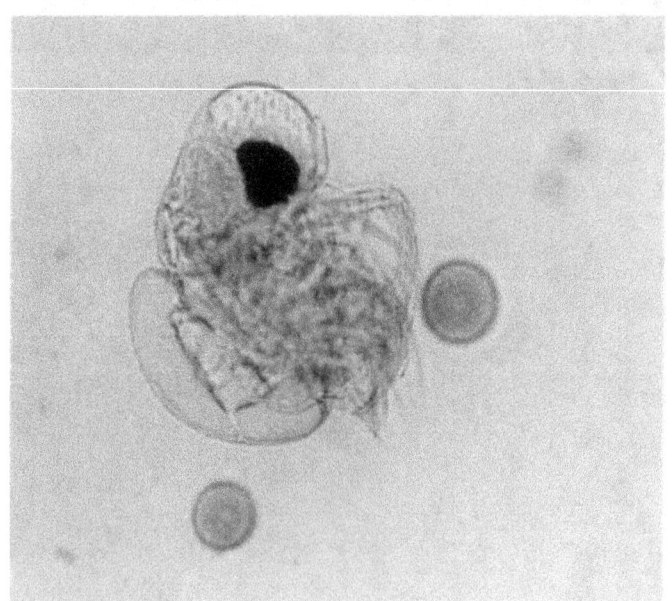

Tafel 12

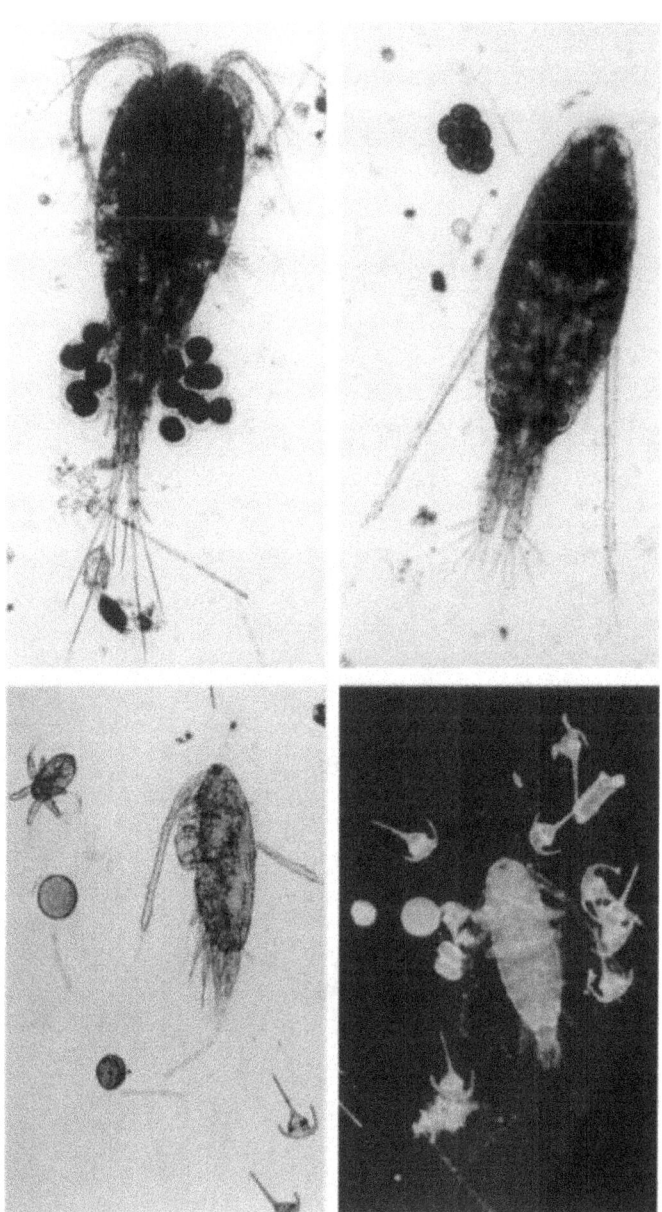

Tafel 13

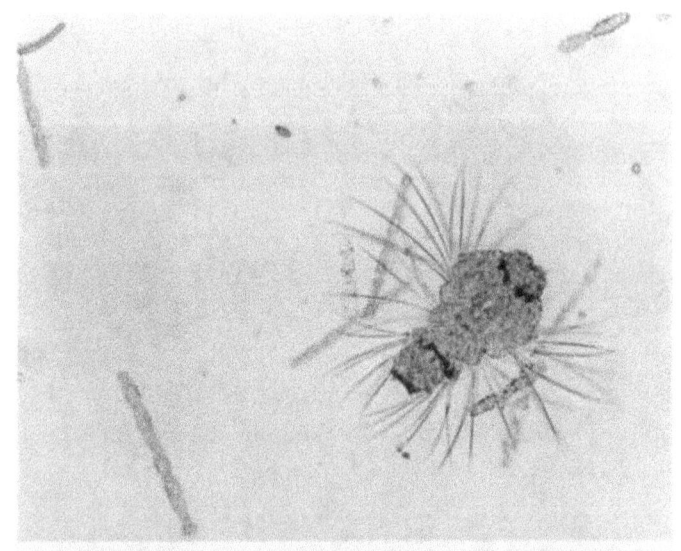
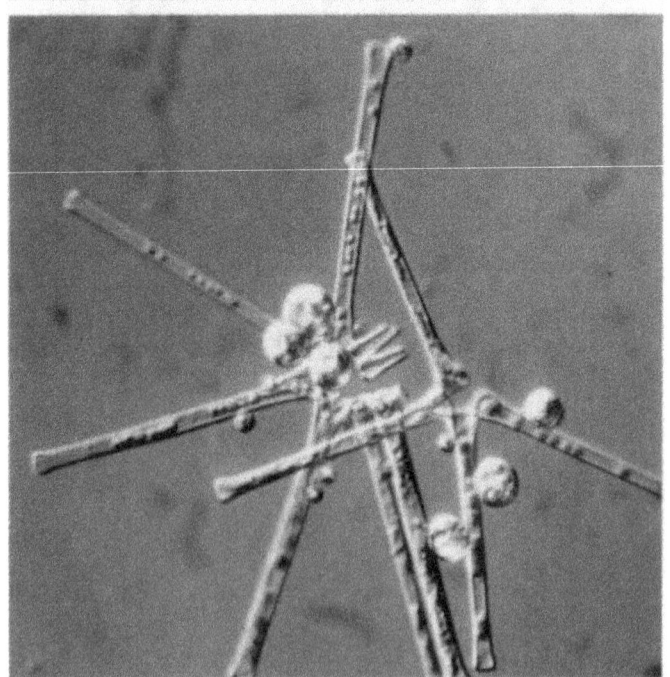

afel 14

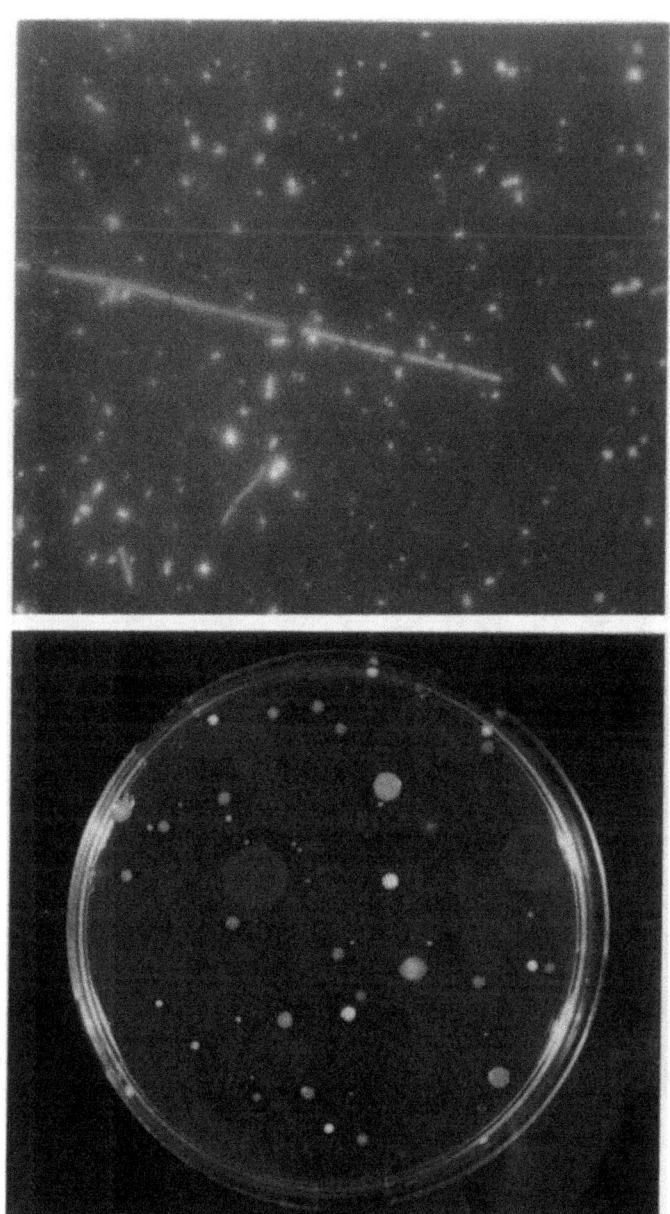

Tafel 15

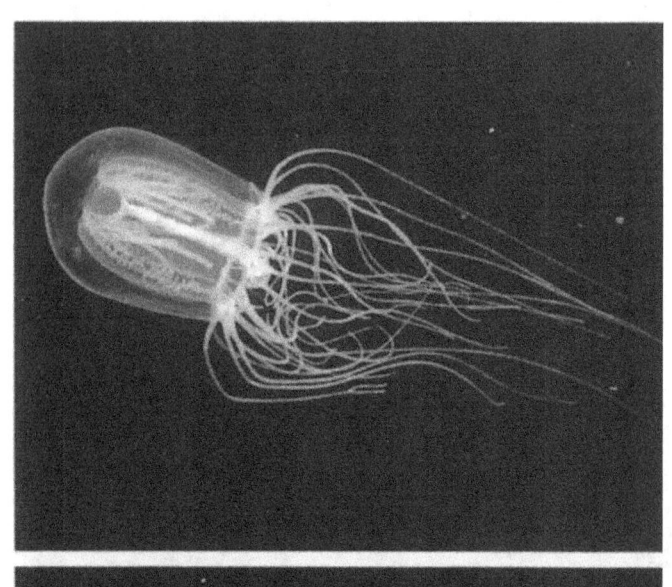
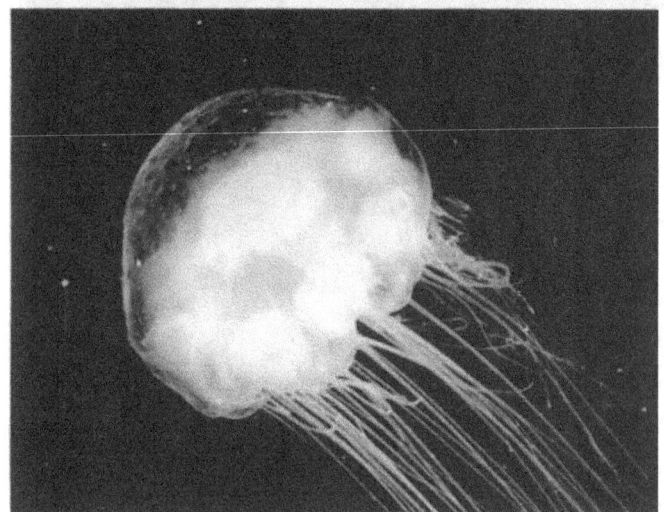

Tafel 16

Tafel 1
oben: Netzplankton: Die Zooplankter *(Paracalanus)* sind Vertreter der Ruderfußkrebse (Copepoden). Alle auf dieser Abbildung vertretenen Phytoplankter sind braun pigmentiert; die ankerförmigen, dreihörnigen Zellen *(Ceratium)* sind Dinoflagellaten, die runden Scheiben *(Coscinodiscus)* und die Fäden *(Rhizosolenia)* sind Kieselalgen (Kieler Förde; Größe der Zooplankter ca. 1 mm; Hellfeld);
unten: Nanoplankton: *Rhodomonas* ist einer der verbreitetsten Phytoplankter in Meer und Süßwasser, wird jedoch wegen seiner geringen Größe in Netzproben meist nicht gefunden (Nordsee; Zellgröße ca. 5 µm; Phasenkontrast).

Tafel 2
oben: Fluoreszenzmikroskopie: Mit DAPI gefärbte, planktische Bakterien (Degersee; Zellgröße ca. 0.3 µm) [Foto K. Jürgens];
unten: Fluoreszenzmikroskopie: Phytoplankter fluoreszieren durch ihr Chlorophyll rot. Die Fluoreszenz des Dinoflagellaten *Ceratium* ist stark, die der beiden Kieselalgen *Coscinodiscus* (runde Scheiben) und *Rhizosolenia* (Fäden) ist deutlich schwächer (Kieler Förde; Länge der Ceratien ca. 250 µm).

Tafel 3
oben: Bei der Blaualge *Gloeotrichia echinulata* sind die einzelnen Fäden zu kolonieförmigen Kolonien gruppiert (Kleiner Plöner See; Länge des Einzelfadens ca. 300 µm; Dunkelfeld);
unten: Auf den Fäden der Blaualge *Anabaena circinalis* wachsen häufig Ciliaten der Gattung *Vorticella* (Zwischenahner Meer; Breite des Fadens ca. 10 µm; Phasenkontrast).

Tafel 4
oben: Der kleine Flagellat *Rhodomonas* (Kieler Förde; 5-10 µm; Phasenkontrast);
unten: Der koloniebildende Flagellat *Phaeocystis pouchetii* (Antarktisches Meer; Zellgröße 4-8 µm; Interferenzkontrast).

Tafel 5
oben: Der Dinoflagellat *Prorocentrum micans* (Kieler Förde; 50 µm; Phasenkontrast);
unten: Der Dinoflagellat *Ceratium tripos* (westliche Ostsee; 250 µm; Hellfeld).

Tafel 6
oben: Die zentrischen Kieselalgen *Chaetoceros* sp. (Fäden mit Seitenborsten) und *Rhizosolenia fragilissima* (westliche Ostsee; Länge der *Rhizosolenia*-Zellen ca. 50 µm; Phasenkontrast);
unten: Die zentrische Kieselalge *Ditylum brightwellii* (westliche Ostsee; 300 µm; Phasenkontrast).

Tafel 7
oben: Die pennate Kieselalge *Thalassionema nitzschiodes* (ca. 80 µm lang) und die centrische Kieselalge *Chaetoceros* sp. (westliche Ostsee; Phasenkontrast);
unten: Die pennate Kieselalge *Nitzschia kerguelensis* bildet bandförmige Kolonien (Antartisches Meer; 60 µm; Interferenzkontrast).

Tafel 8
oben: Die pennate Kieselalge *Asterionella glacialis* kommt im Meer vor (Nordsee; 100 µm; Phasenkontrast);
unten: *Asterionella formosa* ist eine der bekanntesten Kieselalgen des Süßwassers (Schöhsee; 80 µm; Phasenkontrast).

Tafel 9
oben links: Die Grünalge *Scenedesmus opoliensis* (Kleiner Plöner See; 10 µm; Phasenkontrast);
oben rechts: Die Grünalge *Pediastrum duplex* (Großer Plöner See; 70 µm; Hellfeld);
unten links: Der farblose Dinoflagellat *Noctiluca scintillans* (Nordsee; 1.2 mm; Hellfeld);
unten rechts: Der Ciliat *Tintinnopsis lobancoi* hat eine mit Sandkörner imprägnierte Hülle (Kieler Förde; 150 µm; Hellfeld).

Tafel 10
oben: *Asplanchna* ist das größte Rädertier (Kleiner Plöner See; 1 mm; Phasenkontrast);
unten: Das Rädertier *Kelicottia longispina* mit einigen Dinoflagellaten der Gattung *Peridinium* (Großer Plöner See; 500 µm; Hellfeld).

Tafel 11
oben: Der Wasserfloh *Daphnia cucculata* mit der für den Sommer charakteristischen »Helmbildung« am Kopf (Großer Plöner See; 1.2 mm; Interferenzkontrast).
unten: Die Cladocerenart *Diaphanosoma brachyurum* (Großer Plöner See; 1 mm; Hellfeld).

Tafel 12
oben: *Chydorus sphaericus* ist eine der kleinsten Cladoceren-Arten (Großer Plöner See; 450 µm; Hellfeld);
unten: *Podon polyphemoides*, eine der wenigen Cladoceren-Arten des Meeres (Nordsee; 0.8 mm; Hellfeld).

Tafel 13
oben links: Weibchen des Copeoden *Cyclops strenuus* mit Eiballen (Großer Plöner See; 2 mm; Hellfeld);
oben rechts: Der calanoide Copepode *Eudiaptomus gracilis* (Großer Plöner See; 1.5 mm; Hellfeld);
unten links: Der calanoide Copepode *Paracalanus parvus*, links oben Nauplius-Larve (Kieler Förde; 0.9 mm; Hellfeld);
unten rechts: *Paracalanus parvus* mit *Ceratium tripos* und *Coscinodiscus* (Kieler Förde; Dunkelfeld).

Tafel 14
oben: Planktische Larve eines Polychaeten (Borstenwurmes) (Kieler Förde; 200 µm; Hellfeld);
unten: Der parasitische Pilz *Zygorhizidium affluens* auf der Kieselalge *Asterionella formosa* (Schöhsee; Interferenzkontrast) [Foto H. Holfeld].

Tafel 15
oben: In der Fluoreszenzmikroskopie (DAPI-Färbung) erkennt ca. 10 Millionen Bakterienzellen pro ml (Degersee) [Foto K. Jürgens];
unten: Koloniebildung durch aquatische Bakterien auf einem Nährboden [Foto K. Beck].

Tafel 16
oben: Freischwebende Qualle [© Tony Stone Bilderwelten, München 1995];
unten: Qualle mit Giftstachel [© Tony Stone Bilderwelten, München 1995].

7 Das Plankton als Gesamtsystem

Nahrungsketten und -netze

Warum ist Blau die »Wüstenfarbe der Meere«?

Der Initiator und Leiter der ersten großen Planktonexpeditionen im 19. Jahrhundert, der Kieler Professor Victor Hensen, war zunächst an fischereilichen Fragen interessiert:

- Wie groß sind die Bestände?
- Warum sind sie in verschiedenen Meeresgebieten verschieden groß?
- Wie läßt sich ein rationales Fischereimanagement zur Abwehr der Gefahr von Überfischung begründen?

Die Fischer wußten schon lange, daß die großen Schwärme in den trüben, grünlich bis bräunlich gefärbten kalten Regionen und in den ähnlich gefärbten Auftriebsgebieten an den Kontinentalrändern zu finden sind. Die schönen, klaren, blauen Meere der Tropen und Subtropen sind hingegen so fischarm, daß Blau als die »Wüstenfarbe der Meere« galt. Natürlich ist das eine Frage der Nahrung. Nicht das warme Wasser der Tropen, sondern die niedrigen Nährstoffkonzentrationen bewirken ein geringes Phytoplanktonwachstum. Davon kann sich nur wenig Zooplankton ernähren und deshalb ist die Nahrungsbasis der Fische der Freiwasserzone im blauen Wasser gering. Die Frage des Fischreichtums ist also eine Frage der Nahrungskette.

Das klassische Bild der Nahrungskette reicht vom Phytoplankton über das herbivore Zooplankton bis hin zu den Fischen

Phytoplankter ernähren sich von Licht, Kohlendioxid und mineralischen Nährstoffen. Herbivore Zooplankter – meist Kleinkrebse – fressen Phytoplankter. Diese werden von den Fischen gefressen, die ihrerseits wiederum von größeren Fischen gefressen werden, usw. Das ist die »klassische« Vorstellung der Nahrungskette in der Freiwasserzone, die bis vor etwa 20 Jahren die Planktonkunde prägte.

Seitenverzweigungen von dieser Hauptkette und wieder zurückführende Schleifen galten als vernachlässigbar.

Dieser Vorstellung einfacher Nahrungsketten entsprach eine klare Definition von *trophischen Ebenen.* Eine trophische Ebene ist die Gesamtheit aller Organismen innerhalb einer Lebensgemeinschaft, die dieselbe Nahrungskettenposition einnehmen.

- *Ebene 0* sind die »leblosen« Ernährungsvoraussetzungen des Phytoplanktonwachstums, also nur Licht und mineralische Nährstoffe.
- *Ebene 1* sind die Primärproduzenten, in der Freiwasserzone der Gewässer also das Phytoplankton.

- *Ebene 2* sind die Primärkonsumenten, die »pflanzenfressenden« Zooplankter.
- *Ebene 3* sind die Sekundärkonsumenten (»tierfressende« 1. Ordnung), darunter auch die zooplanktonfressenden Fische.
- *Ebene 4* sind die Tertiärkonsumenten (»tierfressende« 2. Ordnung), also die Raubfische. Größere Raubfische, wie z.B. die Haie können auch noch höhere trophische Ebenen bilden.

Trophische Ebenen sind einfache und naheliegende Sammelkategorien, wenn man die Funktion einer Lebensgemeinschaft beschreiben oder analysieren will. Durch diese Art der Zusammenfassung lassen sich auch völlig verschiedene Lebensgemeinschaften miteinander vergleichen und gemeinsame Gesetzmäßigkeiten herausfinden: So wird zum Beispiel klar, daß ein Wasserfloh im Plankton dieselbe Position einnimmt, wie ein Zebra in der afrikanischen Savanne.

Zusammengenommen ergeben die trophischen Ebenen eine *trophische Pyramide*. Den einzelnen Ebenen lassen sich meßbare Größen wie Individuenzahlen, Biomasse und Produktion zuordnen. Ursprünglich nahmen die meisten Wissenschaftler an, daß alle drei Pyramiden, die »Pyramide der Zahlen«, die »Pyramide der Biomassen« und die »Pyramide der Produktion« klassische Pyramidengestalt haben, d.h. daß jede Ebene kleiner ist als die nächst untere. Inzwischen wissen wir es besser: Nur bei Produktionsraten muß es immer so sein. Bei den Zahlen gibt es im Plankton, aber nicht in allen anderen Lebensgemeinschaften eine klassische Pyramide. Bei den Biomassen ist es in den Ketten der Freiwasserzone manchmal sogar umgekehrt (Abb.31).

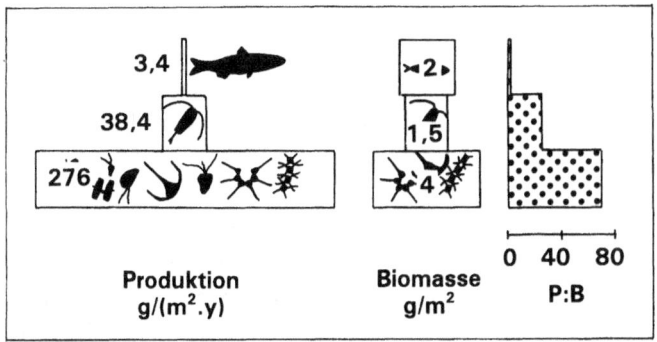

Abb. 31. Trophische Pyramiden *(links* Pyramide der Produktion, *Mitte* Pyramide der Biomasse) und Produktions-Biomasse-Verhältnisse *(rechts)* im Ärmelkanal.

Nach den Angaben von Tait (1981) beträgt die Jahressumme der Primärproduktion des Phytoplanktons im Ärmelkanal etwa 276 g Trockenmasse pro Quadratmeter und Jahr, die Produktion des herbivoren Zooplanktons beträgt etwa 38,4 g und die der Sekundärkonsumenten ca. 3,4 g pro Quadratmeter und Jahr. Als Jahresmittelwerte der Biomasse werden Trockenmassen von 4 g für das Phytoplankton, 1,5 g für das herbivore Zooplankton und 2 g für die Sekundärkonsumenten – davon 90 % für die Fische – angegeben. Tait gibt keine Individuendichten an, sie können jedoch überschlagsmäßig aus Durchschnittsmassen berechnet werden. Selbst wenn man für jede trophische Ebene eine extrem große Spannweite (4 Zehnerpotenzen) der Biomasse pro Individuum annimmt, zeigt sich in jedem Fall eine zur Spitze hin extrem schmäler werdende Pyramide. Bei einer Durchschnittsmasse der Phytoplankter von 10^{-12} bis 10^{-8} g ergibt sich eine Individuendichte von 400 Millionen bis 4 Billionen Individuen pro Quadratmeter im Jahresmittel. Für die Ebene der Herbivoren kann man mittlere Biomassen von 10^{-8} bis 10^{-4} g einsetzen, woraus sich Individuendichten von 15000 bis 150 Millionen pro Quadratmeter ergeben. Setzt man für die dritte trophische Ebene 0,001 bis 10 g Trockenmasse ein, so ergeben sich Individuendichten von 0,2 bis 2000 Individuen pro Quadratmeter. Die Dichte geschlechtsreifer planktivorer Fische ist in jedem Fall weit geringer als 1 Individuum pro Quadratmeter, da ihre Körpergröße am oberen Ende der Spannweite für Sekundärkonsumenten liegt.

Die Produktionsrate muß mit der Höhe der Nahrungskettenposition abnehmen

Als Produktion wird die Bildung körpereigener Substanz, die Biomasse, durch die Organismen bezeichnet. Ein Organismus kann nie mehr produzieren als er frißt, denn er kann weder Substanzen noch Energie aus dem Nichts schaffen, er kann sie nur der Nahrung entnehmen und umbauen. Dabei sind Verluste für den eigenen Betriebsstoffwechsel unvermeidlich. Obendrein bestehen viele Organismen zum Teil aus Substanzen, die für ihre Freßfeinde gar nicht verdaulich sind. Je größer der Anteil dieser Substanzen ist, um so weniger ist von der Produktion einer trophischen Ebene für die nächsthöhere verwertbar.

Ein Schlüsselbegriff für die Beschreibung der Produktionsabnahme entlang von Nahrungsketten ist die *ökologische Effizienz*. Das ist der Quotient der Produktionsrate einer trophischen Ebene durch die Produktion der nächst unteren Ebene. Dieser Quotient ist in allen untersuchten Fällen wesentlich kleiner als 1, nämlich etwa 0,05 bis 0,25. Für eine trophische Pyramide folgt daraus, daß die Produktionsraten der höchsten Ebenen im Vergleich zur Primärproduktion sehr klein sein müssen. Bei einer ökologischen Effizienz von 0,1 betragen die Produktion der Ebene 3 – z.B. planktivore Fische – nur mehr 1 % und die Produktion der Ebene 4 – z.B. Raubfische erster Ordnung – nur mehr 0,1 % der Primärproduktion.

Im Plankton nimmt die Individuenzahl entlang von Nahrungsketten stark ab

Während ein Baum viele Insekten ernähren kann, benötigt ein Wasserfloh eine riesige Zahl von Algen und ein Fisch eine riesige Zahl von Wasserflöhen als Futter. Natürlich hängt das mit den Größenverhältnissen zwischen Räuber und Beute zusammen. Die allgemeine Vorstellung einer Nahrungskette geht zwar meistens davon aus, daß kleinere Organismen von größeren gefressen werden, tatsächlich sind jedoch in vielen Nahrungsketten Schritte enthalten, in denen kleine Organismen größere »anknabbern« oder vergleichsweise kleine Rudeljäger gemeinsam ein großes Beutetier fressen. Im Gegensatz zu vielen Nahrungsketten auf dem Land sind jedoch die Nahrungsketten der Freiwasserzone tatsächlich durch eine durchgehende Größenzunahme gekennzeichnet. Gerade bei Filtrierern sind die Größensprünge in der Nahrungskette besonders groß. Es bedarf also einer großen Zahl von Futterorganismen, um eine im Vergleich dazu kleine Zahl ihrer Freßfeinde zu erhalten.

Die Biomasse kann in Nahrungsketten leicht zunehmen

Wie kann es vorkommen, daß die Biomasse einer trophischen Ebene höher ist als die der darunterliegenden? Dies kann man mit einem Bild aus der Landwirtschaft veranschaulichen:

> Wie ist es möglich, daß die Masse der Kühe auf einer Weide größer ist als die Masse des Grases? Die Antwort liegt in den extremen Größenunterschieden zwischen den trophischen Ebenen. Große Organismen »funktionieren« wesentlich langsamer als kleine, denn sie haben einen wesentlich trägeren Stoffwechsel, bedingt durch geringere Atmungsraten, geringere Freßraten und vor allem geringere Produktionsraten pro Körpermasse.

Das Phytoplankton in Abb. 31 produziert seine eigene Biomasse fast 70mal. Da die Biomasse von Jahr zu Jahr ungefähr gleich bleibt, muß sie auch in gleichem Ausmaß weggefressen oder sonstwie vernichtet werden. Das herbivore Zooplankton produziert seine eigene Biomasse etwa 26mal im Jahr und die Sekundärkonsumenten nur 1,7 mal. Wer so »träge« ist, der kann auch bei vergleichsweise niedrigen Produktionsraten eine hohe Biomasse aufrechterhalten.

Nahrungsketten sind zu komplexen Nahrungsnetzen verflochten

So einleuchtend das Bild der Nahrungskette und der trophischen Pyramide ist, so sehr ist es doch eine Vereinfachung der tatsächlichen Freßbeziehungen in einer Lebensgemeinschaft:

Ein Wasserfloh frißt Phytoplankter, er frißt aber auch heterotrophe Nanoflagellaten (HNF vgl. Kap. 5), Ciliaten und Bakterien. Die HNF ihrerseits fressen Picophytoplankter oder Bakterien. Manche Ciliaten fressen HNF, Phytoplankter und Bakterien. Je nach aktueller Ernährungslage käme ein Wasserfloh damit auf die zweite, dritte oder vierte trophische Ebene. Ähnliche Komplikationen treten auf, wenn sich Fische sowohl von pflanzen- als auch von tierischem Material fressenden Zooplankter ernähren. Ein reales Nahrungsgefüge ist daher keine Kette, sondern ein Netz, indem sich einzelne Ketten verzweigen und wieder vereinigen.

Manchmal sind jedoch einzelne Ketten quantitativ so dominant, daß die »klassische« Beschreibung nach wie vor eine gute Annäherung an die realen Gegebenheiten ist. Dies gilt besonders aus der Sicht der Fischereibiologie. Wegen der hohen Verluste bei jedem Kettenglied tragen nur die kurzen Verbindungsstränge durch das Nahrungsnetz wesentlich zur Ernährung der Fische bei.

Das Nahrungsnetz im *Antarktischen Meer* (Abb. 32) ist verhältnismäßig einfach. Vor der massiven Dezimierung der Wale durch den Walfang haben zwei konkurrenzstarke Filtrierer – Krill und Bartenwale – ihre jeweiligen Nahrungskonkurren-

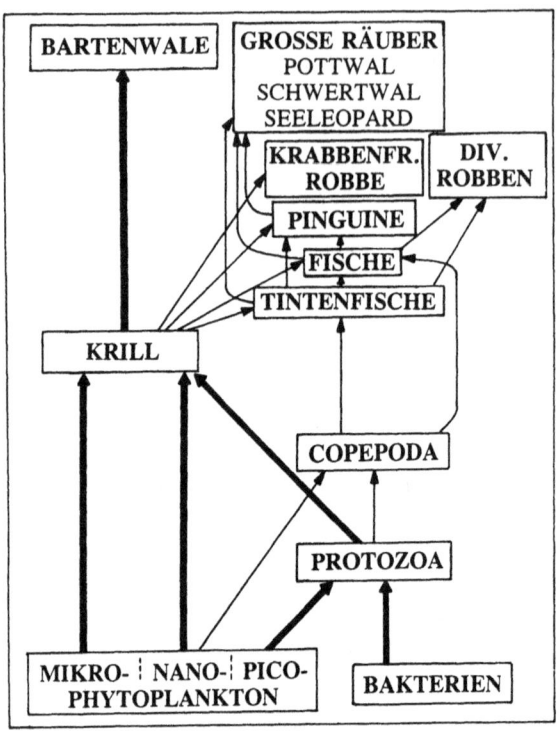

Abb. 32. Nahrungsnetz im Antarktischen Meer; *dicke Pfeile* dominante Freßbeziehungen vor der Dezimierung der Wale; *dünne Pfeile* andere Freßbeziehungen (nach Sommer 1994).

ten weitgehend zurückgedrängt und eine einfache, dreigliedrige Kette gebildet. Durch den Rückgang der Wale konnten sich auch andere Krillfresser stärker entfalten, so daß heute die Realität besser mit einem Nahrungsnetz als mit einer Nahrungskette beschrieben werden kann.

Das Nahrungsnetz *tropischer Meere* (Abb. 33) ist wesentlich komplexer. In der Abbildung ist lediglich der planktische Anteil des Nahrungsnetzes im

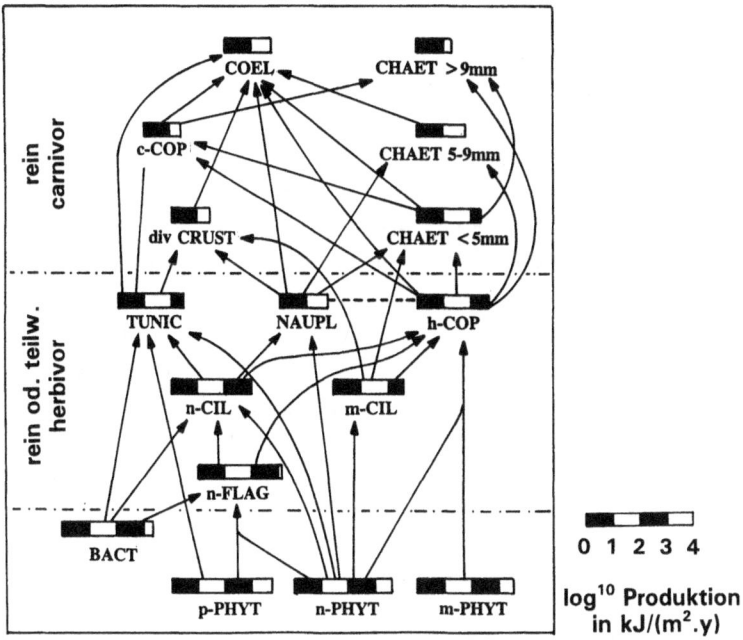

Abb. 33. Planktischer Teil des Nahrungsnetzes vor Jamaica mit Produktionsraten in logarithmischer Skalierung; *PHYT* Phytoplankton, *BACT* Bakterien, *FLAG* Flagellaten, *CIL* Ciliaten, *TUNIC* Tunicaten, *NAUPL* Naupliuslarven, *COP* Copepoden, *div CRUST* diverse Crustacee, *CHAET* Chaetognathen, *COEL* Coelenteraten, *p* pico-, *n* nano-, *m* mikro, *h* herbivor, *c* carnivor (nach Sommer 1994; konstruiert nach Daten aus Roff et al. 1990).

Meer vor Jamaica dargestellt, die Fortsetzung im Bereich der Fische fehlt. Dennoch sind bereits im planktischen Kompartiment sechsgliedrige Ketten zu finden. Nimmt man noch drei Fischstufen bis zu den Haien an, so entspricht das ungefähr der maximalen Kettenlänge, die überhaupt in der Natur zu finden ist.

Die »mikrobielle Schleife« führt ausgeschiedene organische Substanzen in das Nahrungsnetz zurück

Wie fügen sich nun die heterotrophen Bakterien in das Nahrungsnetz der Freiwasserzone ein? Wovon ernähren sie sich? Einerseits ernähren sie sich von gelösten organischen Substanzen, die von außen in ein Gewässer gelangen, was vor allem in kleineren Gewässern und im Bereich von Flußmündungen wichtig ist. Andererseits ernähren sie sich von organischen Substanzen, die den Organismen der Freiwasserzone »verloren« gehen. Die von Organismen gefressene organische Substanz läßt sich nämlich nicht restlos in Biomassezuwachs und Atmung aufteilen. Aus den verschiedensten Gründen werden gelöste organische Substanzen an das Wasser abgegeben, sei es, daß sie als unverdaulich ausgeschieden oder giftige Stoffwechselprodukte entsorgt werden müssen. Für die Stoff- und Energiebilanz eines Organismus bzw. einer ganzen trophischen Ebene erscheint die Ausscheidung gelöster organischer Substanzen als Verlust, für die Bakterien jedoch dient sie als Nahrungsgrundlage.

Die Bakterien sind jedoch als »Resteverwerter« kein totes Ende im Nahrungsnetz. Sie werden ihrerseits von Protozoen und diese werden wiederum von größeren Zooplanktern gefressen. Dadurch kommt es zu einem Kreislauf von organischer Substanz im Nahrungsnetz (Abb. 34). Dieser Kreislauf wurde unter der englischen Bezeichnung *microbial loop* (mikrobielle Schleife) zu einem Schwerpunktthema planktologischer Forschung der letzten Jahre.

Die mikrobielle Schleife ist keineswegs nur ein nebensächlicher Aspekt des Nahrungsnetzes. Der Energie- und Kohlenstoffdurchsatz durch die Basis der mikrobiellen Schleife (gelöster organischer Kohlenstoff – Bakterien

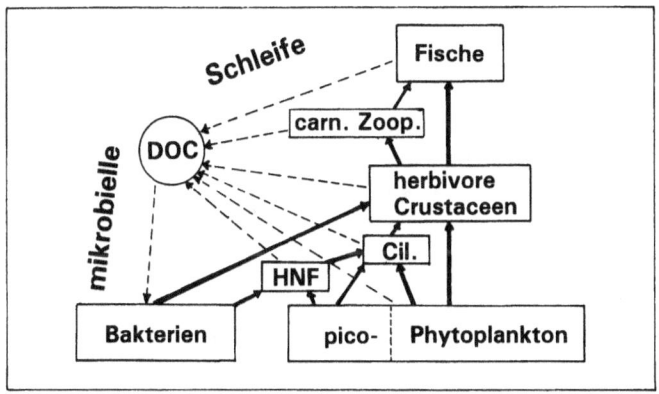

Abb. 34. Die Position der mikrobiellen Schleife im Nahrungsnetz der Freiwasserzone. *Dicke Pfeile* Freßbeziehungen zwischen Organismen, *dünne Pfeile* Stofftransfers ohne Freßbeziehung.

– Protozoen) bewegt sich etwa in derselben Größenordnung wie der Energiedurchsatz durch die Basis der klassischen Nahrungskette. Deshalb stellte sich die Frage, ob die mikrobielle Schleife nicht auch einen wesentlichen Beitrag zur Ernährung der Fische leisten könnte. Das ist jedoch nicht so. Der Kohlenstoffkreislauf durch die mikrobielle Schleife ist keineswegs geschlossen. Bei jedem Transferschritt wird ein großer Teil veratmet. Je nach der Zahl der Kettenglieder innerhalb der Schleife landet nur ein Bruchteil der ausgeschiedenen Substanzen wieder in der klassischen Nahrungskette.

Der jahreszeitliche Wechsel im Plankton

Winterminimum und Frühjahrsblüte des Phytoplanktons sind in allen Gewässern der gemäßigten Zone gleich

Die Dichte und die Zusammensetzung des Plankton unterliegen charakteristischen Jahreszyklen. In den gemäßigten und kalten Zonen wird dabei im Winter die Uhr des Planktons nahezu auf Null zurückgestellt. Nur wenige, in der Regel besonders große Zooplankter sind mehrjährig und überwintern ohne starke Abnahme ihrer Häufigkeit. Für die Mehrheit der Zooplankter und für alle anderen Plankter gilt, daß entweder spezialisierte Dauerstadien auf dem Gewässergrund überwintern oder daß dezimierte Restpopulationen in der Freiwasserzone verbleiben, um sich im Frühjahr wieder zu vermehren. Das Wiederaufwachsen des Planktons nach dem Winter kommt daher fast der Neubesiedlung eines leeren Lebensraumes gleich.

Der saisonale Zyklus der kurzlebigen Plankter unterscheidet sich grundlegend vom saisonalen Zyklus im Erscheinungsbild eines Waldes oder einer Wiese: Er entsteht durch die Abfolge einer Vielzahl von Generationen und ein mehrfaches Auf und Ab der Individuendichten und Biomassen innerhalb eines Jahres. Neben zahlreichen unregelmäßigen Phänomenen treten auch regelmäßige Muster auf, die sich Jahr für Jahr wiederholen. Vor allem der Jahresgang des Phytoplanktons ist dabei auffällig, da er bereits an der Durchsichtigkeit des Wassers erkennbar ist. Für die gemäßigte Zone gibt es zwei Grundmuster (Abb. 35), die man vor allem in geschichteten Gewässern gut erkennen kann:

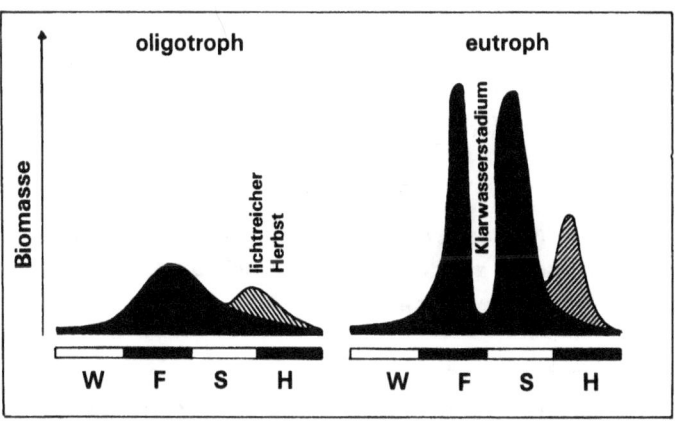

Abb. 35. Grundmuster der jahreszeitlichen Veränderungen der Phytoplanktonbiomasse in nährstoffarmen und nährstoffreichen Gewässern der gemäßigten Zone.

In *nährstoffarmen Gewässern* bildet sich ein Maximum des Phytoplanktons im Frühling, die »*Frühjahrsblüte*«, aus. In dieser Phase dominieren häufig Kieselalgen, in Weichwasserseen auch begeißelte Chrysophyceen. Im Sommer sind die Phytoplanktondichten hingegen gering. Im Herbst kann sich ein zweites Jahresmaximum ausbilden, und zwar eher in den wärmeren Teilen der gemäßigten Zone und in sonnenreichen Herbsten. In den kalten Zonen ist die Frühjahrsblüte in den Sommer verschoben.

In *nährstoffreichen Gewässern* kommt es ebenfalls zu einer *Frühjahrsblüte,* die in der Regel sehr abrupt endet und von einem kurzen Phytoplanktonminimum, dem »*Klarwasserstadium*«, im Frühsommer abgelöst wird. Im Sommer wächst das Phytoplankton wieder an und bildet abermals hohe Biomassen – die »*Sommerblüte*«. Große Dinoflagellaten und im Süßwasser auch Blaualgen sind für diese Phase charakteristisch. Ob im Herbst ein drittes Maximum ausgebildet wird, hängt von denselben Faktoren ab wie das Herbstmaximum in den nährstoffarmen Gewässern.

Die jahreszeitlichen Zyklen des Planktons hängen stark von der Schichtung eines Gewässers ab

Früher sind diese jahreszeitlichen Zyklen des Planktons mit dem Jahresgang der Temperatur und der Sonneneinstrahlung erklärt worden. Um Veränderungen der Artenzusammensetzung zu erklären, wurden die Plankter in Kalt- und Warmwasserarten sowie in Schwach- und Starklichtarten eingeteilt. Inzwischen hat sich ein wesentlich komplexeres Bild ergeben, in dem die Versorgung des Phytoplanktons mit Nährstoffen, Konkurrenzbeziehungen innerhalb des Phytoplanktons, seine Wechselbeziehungen mit dem Zooplankton und der Einfluß der Fische auf das Zooplankton eine ebenso wichtige Rolle wie die physikalischen Umweltfaktoren spielen.

Unter den physikalischen Faktoren hat sich die thermische Schichtung als wichtiger herausgestellt als die direkten Einwirkungen der Temperatur. Sie hat sowohl für die Licht- als auch für die Nährstoffversorgung der Phytoplankter wesentliche Bedeutung.

Durchmischung und Licht

Phytoplankter werden durch die Turbulenzen im Wasser innerhalb der durchmischten Oberflächenschicht nach dem Zufallsprinzip auf und ab transportiert. Je tiefer die Sprungschicht im Vergleich zur Kompensationsebene liegt, um so mehr Zeit verbringen sie im Dunklen. Eine Vergrößerung der Durchmischungstiefe wirkt sich also ähnlich wie eine Verkürzung der Tageslänge aus. Wenn die Durchmischungszone um ein Mehrfaches mächtiger ist als die euphotische Schicht, kann man unabhängig von der tatsächlichen Jahreszeit von einem »optischen Winter« sprechen. Aus diesem Grund findet die Frühjahrsblüte in tiefen Gewässern (z.B. im Bodensee mit 250 m Tiefe) später statt als in Gewässern mäßiger Tiefe. In tiefen Gewässern beginnt sie mit dem Aufbau der thermischen Schichtung, in flacheren Gewässern bereits während der Frühjahrszirkulation bzw. nach der Eisschmelze.

Durchmischung und Nährstoffe

Während der Sommerschichtung kommt es zu einer stufenweise fortschreitenden Verarmung von Pflanzennährstoffen in der oberflächennahen Schicht. Das liegt daran, daß Plankter und ihre abgestorbenen Überreste zum Teil aus der durchmischten Schicht absinken. Dabei nehmen sie die in ihnen aufgenommenen Nährstoffe mit und geben sie erst bei ihrem Zerfall und Abbau im Tiefenwasser oder auf dem Gewässerboden ab. Besonders stark ausgeprägt ist dieser Nährstoffexport beim Silikat. Auch wenn Kieselalgen gefressen werden, scheiden die Zooplankter kein gelöstes Silikat, sondern nur leere Kieselschalen und deren Bruchstücke aus. Diese sinken aus der Durchmischungszone ab, bevor sie sich langsam lösen. Andere Nährstoffe, z.B. Phosphor und Stickstoff, werden hingegen vom Zooplankton in gelöster Form ausgeschieden. Dennoch verarmen auch sie während der Schichtungsperiode, da immer ein Teil des Phytoplanktons und der abgestorbenen Organismenteile ungefressen absinken. Vergrößert sich im Herbst wieder die Durchmischungstiefe, so wird nährstoffreiches Tiefenwasser wieder mit eingemischt und das Nährstoffangebot erhöht.

Durchmischung und Sinkverluste

Wie wir wissen, nehmen die Sinkverluste mit abnehmender Durchmischungstiefe zu. Unter den Phytoplanktern sind vor allem die schweren Kieselalgen davon betroffen. Da gleichzeitig auch das Silikat besonders schnell verarmt, wirkt sich die Ausbildung einer dünnen Oberflächenschicht gleich zweifach zuungunsten der Kieselalgen aus.

Das Sommerminimum des Phytoplanktons in nährstoffarmen Gewässern liegt am Nährstoffmangel

Da Phytoplankter für ihr Wachstum sowohl Licht als auch Nährstoffe benötigen, können ihre Wachstumsperioden nur in den Zeiten liegen, in denen beides in ausreichendem Maß vorhanden ist (Abb. 36). Ist dies nicht der Fall, erzwingt die Nährstoffverarmung ein sommerliches Biomasseminimum. Ob es im Frühherbst zu einer zweiten Wachstumsphase kommt, hängt davon ab, daß der Import von Nährstoffen aus der Tiefe der Verschlechterung des Lichtangebots zuvorkommt. In hohen Breitengraden, in denen die Tageslänge nach der Tag-Nacht-Gleiche besonders schnell abnimmt, ist das unwahrscheinlich. Ebenso dann, wenn die Wolkenbedeckung im Herbst besonders stark ist.

In nährstoffreichen Systemen findet zwar auch eine Nährstoffverarmung im Sommer statt, doch die verbliebenen Mengen reichen aus, um eine Sommerblüte des Phytoplanktons zu ermöglichen (Abb. 37). Allerdings ist zu dieser Zeit ein Großteil der Nährstoffe in der Biomasse gebunden und nur wenig gelöst vorhanden. Wegen der hohen Biomassen reicht die oberflächennahen Schicht normalerweise nicht unter die Sprungschicht. Da dort

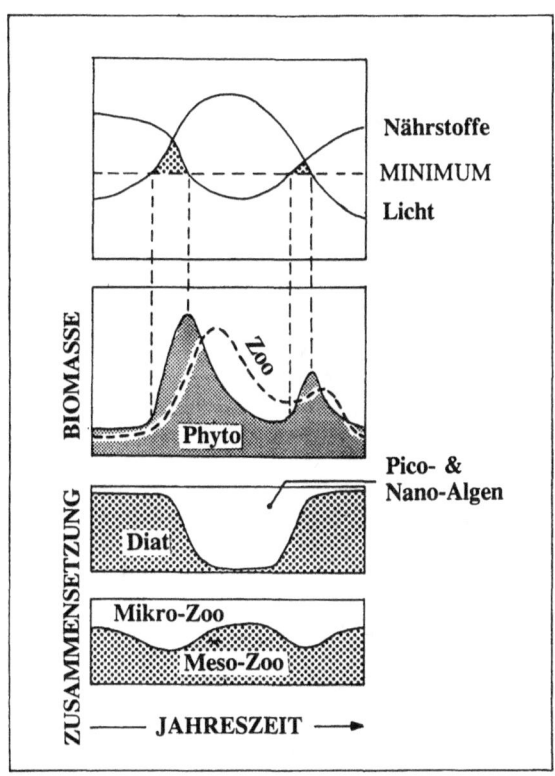

Abb. 36. Schema der Saisonalität des Planktons in einem nährstoffarmen Gewässer der gemäßigten Zone mit Herbstmaximum des Phytoplanktons. *Von oben nach unten* die einzelnen Jahresgänge von: Licht und Nährstoffen; der Biomasse des Phytoplanktons und des herbivoren Zooplanktons; der Zusammensetzung des Phytoplanktons; der Zusammensetzung des herbivoren Zooplanktons (nach Sommer 1994).

keine Zehrung stattfindet, gibt es in der Schicht noch große Reserven gelöster Nährstoffe. Vertikal bewegliche Arten wie Flagellaten und Blaualgen, die sowohl das Licht oberhalb als auch die Nährstoffe unterhalb der Sprungschicht nutzen können, sind daher im Vorteil.

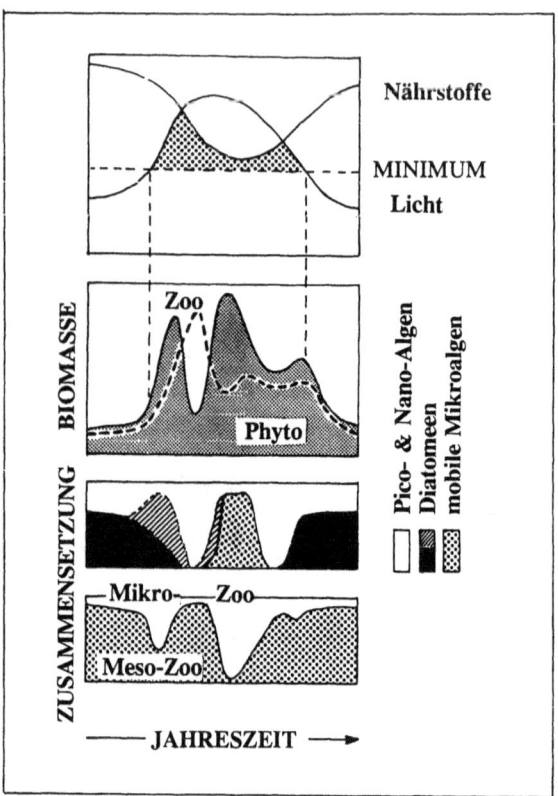

Abb. 37. Schema der Saisonalität des Planktons in einem nährstoffreichen Gewässer der gemäßigten Zone mit Herbstmaximum des Phytoplanktons. *Von oben nach unten* die einzelnen Jahresgänge: von Licht und Nährstoffen; der Biomasse des Phytoplanktons und des herbivoren Zooplanktons; der Zusammensetzung des Phytoplanktons; der Zusammensetzung des herbivoren Zooplanktons (nach Sommer 1994).

Das Klarwasserstadium wird durch »Abweiden« versucht

Das Klarwasserstadium ist ein Biomasseminimum mitten in der Wachstumssaison des Phytoplanktons (meistens im Mai oder Juni), das in vielen nährstoffreichen Gewässern mit ganz großer Regelmäßigkeit auftritt. Unter optimalen Lichtbedingungen und recht hohen Nährstoffkonzentrationen kommt es dabei zu einer Abnahme des Phytoplanktons auf beinahe winterliche Werte. Nachdem dieser Widerspruch zwischen guten Wachstumsbedingungen und einem Zusammenbruch der Biomassen lange Zeit nicht so recht erklärt werden konnte, gelang den Planktologen am Bodensee in den 70er Jahren die Lösung des Rätsels (Lampert u. Schober 1978).

Das Klarwasserstadium ist eines der auffälligsten Ereignisse im jahreszeitlichen Zyklus des Planktons im Bodensee. In diesem tiefen See kommt es erst nach dem Aufbau einer stabilen Schichtung im April/Mai zur Ausbildung der Frühjahrsblüte. Zur Zeit der maximalen Düngung des Bodensees – in den 70er und frühen 80er Jahren – bestand das Phytoplankton der Frühjahrsblüte überwiegend aus kleinen Flagellaten *(Rhodomonas)* und kleinen, zentrischen Kieselalgen *(Stephanodiscus)*, also optimalen Futteralgen für filtrierende Zooplankter. Die Frühjahrsblüte war so stark, daß es zu einer ausgeprägten Braunfärbung des Wassers kam und die Sichttiefe von winterlichen 12 m auf 1,5 bis 2 m abnahm. Die filtrierenden Zooplankter, überwiegend *Daphnia hyalina* und *D. galeata*, nehmen ab Mitte Mai stark zu. Das erklärt sich zum Teil daraus, daß das große Futterangebot eine schnelle Vermehrung ermöglicht, zum Teil aber auch die Dauereier des vergangenen Jahres auskeimen. Ende Mai nimmt die Dichte des Phytoplanktons wieder ab, die Sichttiefe steigt auf 8 bis 10 m an, weil jetzt die Freßraten der Filtrierer höher sind als die Produktionsraten der Phytoplankter. Deshalb wird das Phytoplankton trotz hervorragender Wachstumsbedingungen dezimiert.

Inzwischen konnte die für den Bodensee aufgestellte Erklärung auch durch Untersuchungen an vielen anderen Gewässern bestätigt werden: Das Klarwasserstadium geht tatsächlich auf einen »Kahlfraß« durch die Filtrierer zurück. Wenn große Kieselalgen entscheidend an der Frühjahrsblüte beteiligt sind, spielen sicherlich auch die Sedimentation nach dem Aufbau der Schichtung und die Aufzehrung des Silikats eine Rolle. Ohne Fraßeinwirkung würden diese Faktoren jedoch nur zu einer Verschiebung von den Kieselalgen zu anderen Phytoplanktern und zu keinem Gesamtzusammenbruch führen.

Das Ende des Klarwasserstadiums und der Übergang zur Sommerblüte ist eine Kombination aus drei Faktoren:

- Unter *Hungerbedingungen* nehmen die Eizahlen der Filtrierer ab, sie vermehren sich langsamer.
- Zunehmender *Fraßdruck* durch die zahlreichen Jungfische dieses Jahres reduziert die Zooplanktonbestände.
- Neben der Verminderung des Fraßdruckes ermöglicht das Aufkommen *fraßresistenter Phytoplankter* die Ausbildung der Sommerblüte.

Die Untersuchungen zur Erklärung des Klarwasserstadiums waren ein ganz entscheidender Durchbruch in der Entwicklung der Planktonökologie. Vorher war man der Ansicht, daß Phytoplankter im wesentlichen auf physikalische und chemische Umweltfaktoren reagieren würden und Zooplankter noch zusätzlich auf das Futterangebot. Nach diesen Untersuchungen wurde die Bedeutung der Wechselwirkungen zwischen Organismen klar, und das Plankton wurde als ein System begriffen, das seine eigene, aus sich selbst entstehende Dynamik hat, und ein Teil der saisonalen Zyklen muß durch diese Dynamik erklärt werden.

Während des Sommermaximums sind Wechselwirkungen zwischen den Organismen des Planktons ausschlaggebend

Größenstruktur des Phytoplanktons

Das Sommerphytoplankton ist durch ein Vorherrschen großer Arten, dem Mikroplankton, gekennzeichnet. Diese Phytoplankter sind für Filtrierer nur schwer freßbar und erleiden daher geringere Verluste als die meistens wesentlich schneller wachsenden Pico- und Nanoplankter. Diese kommen zwar im Sommer durchaus vor, sie bilden jedoch normalerweise nur den kleineren Teil der Biomasse und werden immer wieder schnell weggefressen. Sie sind mit dem Gras im Unterwuchs einer Wacholderheide vergleichbar, das vielleicht produktiver als der Wacholder sein mag, aber durch die Beweidung kurz gehalten wird.

Systematische Zusammensetzung des Phytoplanktons

Während die Größenstruktur des Phytoplanktons durch das Abweiden bestimmt wird, wird seine systematische Zusammensetzung durch Konkurrenz um Nährstoffe beeinflußt. Sind vom Frühjahr her noch beachtliche Silikatkonzentrationen übrig geblieben, kann die Konkurrenz um den begrenzt vorhandenen Phosphor zunächst zu einer Dominanz großer Kieselalgen führen. Diese sind jedoch kurzlebig, da das Silikat bald vollständig aufgezehrt ist. Danach spielt der Zugang zu Phosphor- und Stickstoffreserven in oder unter der Sprungschicht eine ausschlaggebende Rolle, was vertikal wandernde, große Flagellaten und Blaualgen begünstigt. Auch Mixotrophie ist in dieser Jahreszeit günstig, da Bakterien und Picophytoplankter die geringen gelösten Phosphorkonzentrationen im Oberflächenwasser besser aufnehmen können und mixotrophe Flagellaten ihren Phosphorbedarf dann aus dem Futter decken. Eine weitere, vor allem im Süßwasser wichtige Konkurrenzstrategie ist die Stickstoffixierung durch heterozystentragende Blaualgen.

Größentrends im Zooplankton

Innerhalb des filtrierenden Zooplanktons herrscht zumindest in Binnengewässern ein dem Phytoplankton entgegengesetzter Trend vor: während des Sommers nimmt oft der Anteil kleiner Arten zu. Das hat zwei Gründe:

- Erstens bevorzugen planktivore Fische große Beuteindividuen, während sie kleinere eher verschonen.
- Zweitens werden große Filtrierer von den unfreßbaren Großphytoplanktern bei ihrem Filtrationsprozeß mechanisch stärker gestört als kleine Filtrierer. Diese können sich relativ ungestört vom Unterwuchs aus Pico- und Nanoalgen sowie den Bakterien ernähren.

Ob im Meer ähnliche Mechanismen wirksam sind, ist noch unklar. Hier ist damit zu rechnen, daß der Fraß durch Makro- und Megazooplankter eine wichtige Rolle spielt. Deren Nahrungsauswahl und Beeinflußung durch Fische sind noch weitgehend unerforscht.

Die Situation in den Auftriebszonen der Meere kann mit einer permanenten Frühjahrsblüte verglichen werden

Auftriebszonen sind Gebiete an Kontinentalrändern, in denen ablandige Winde permanent das erwärmte Oberflächenwasser vom Kontinent wegtreiben. Zum Ausgleich strömt kaltes, aber nährstoffreiches Tiefenwasser nach oben. Befinden sich Auftriebsgebiete in Zonen niedriger Breitengrade, z.B. der Humboldtstrom in Peru, sind praktisch ganzjährig die Voraussetzungen für eine Frühjahrsblüte gegeben. Es kommt ganzjährig zu hohen Produktionsraten und Biomassen des Phytoplanktons, die überwiegend aus Kieselalgen bestehen. Durch das reiche Futterangebot ergeben sich hohe Produktionsraten der Copepoden, die wiederum eine hohe Fischproduktion ermöglichen. Diese Auftriebsgebiete gehören zu den produktivsten Fischereizonen der Welt.

Der Beitrag des Planktons zu den Stoffkreisläufen

Recycling von Substanzen ist das Grundprinzip von Ökosystemen

So gut wie jedes Kohlendioxidmolekül, das von einem Phytoplankter aufgenommen wird, wurde irgendwann durch die Atmung eines Organismus freigesetzt. Umgekehrt gilt, daß jedes Sauerstoffatom, das ein heterotropher Organismus für seine Atmung verbraucht, irgendwann einmal durch die Photosynthese freigesetzt wurde. Dasselbe gilt auch für mineralische Nährstoffe. Irgendwann in ferner geologischer Vergangenheit wurden sie durch die Verwitterung der Gesteine (Phosphor, Silizium) oder aus der Atmosphäre (Stickstoff) in die Ökosysteme des Wassers eingeschleust, heute aber zirkulieren sie vielfach zwischen den Organismen und der gelösten Phase hin und her. Der Neueintrag durch zusätzliche Verwitterung ist im Vergleich zur Wiederverwertung biologischen Materials gering. Darüber hinaus muß man sich klar machen, daß viele Gesteine, z.B. der Kalk, altes biologisches Skelettmaterial sind. Diese vielfache Wiederverwertung von Substanzen wird als Recycling bezeichnet und ist das Grundprinzip des Funktionierens von Ökosystemen.

Recycling findet auf vielen Ebenen statt. So kann ein Kohlenstoffatom innerhalb von Stunden den Kreislauf gelöstes Kohlendioxid – Picophytoplankton – heterotropher Nanoflagellat – gelöstes Kohlendioxid durchlaufen. Es kann aber auch in die Biomasse oder in das Kalkskelett eines Plankters eingebaut werden, der zum Meeresboden sinkt und dort vom Sediment begraben wird. Wenn es dann in die Bildung von Erdöl oder Kalkgesteinen einbezogen wird, kann es Jahrmillionen später durch Verbrennung des Erdöls oder durch Verwitterung des Kalkes zu Kohlendioxid werden. Von den vielen möglichen Zyklen werden wir drei näher behandeln:

- den kurzgeschlossenen Kreislauf in der Oberflächenschicht,
- den Jahreskreislauf,
- den globalen Kreislauf.

In der Oberflächenschicht findet ein kurzgeschlossener Stoffkreislauf statt

Die Abb. 38 zeigt den »kurzgeschlossenen Kreislauf« am Beispiel des wichtigsten biogenen Elements, des Kohlenstoffs. Ein Kohlenstoffatom durchläuft dann den kurzgeschlossenen Kreislauf, wenn es dabei die Durchmischungszone nicht verläßt. So z.B.

- Kohlendioxid – Photosynthese – Phytoplanktonbiomasse – Grazing – Zooplanktonbiomasse – Respiration – Kohlendioxid.
- Kohlendioxid – Photosynthese – Phytoplanktonbiomasse – Ausscheidung von gelöstem organi-

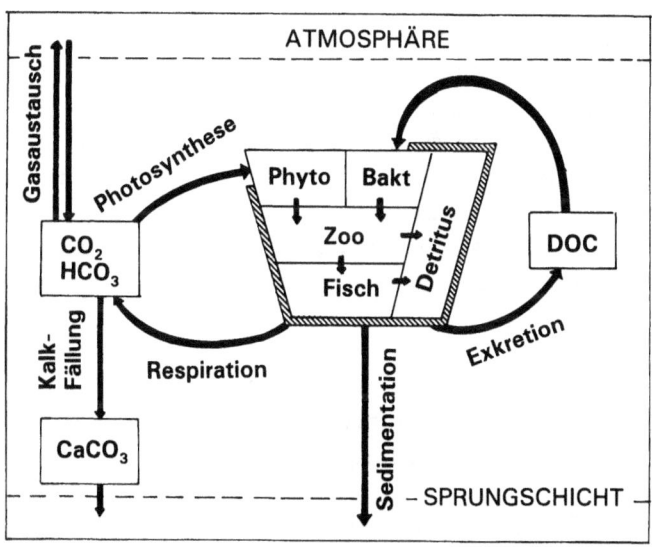

Abb. 38. Kurzgeschlossener Kohlenstoffkreislauf in der Oberflächenschicht eines geschichteten Gewässers. In- und Outputpfeile symbolisieren biologische oder chemische Prozesse, die Kohlenstoff transportieren.

schen Kohlenstoff – Aufnahme durch Bakterien – Bakterienbiomasse – Abweiden durch HNF – Atmung – Kohlendioxid.

Der kurzgeschlossene Kohlenstoffkreislauf ist nach oben und unten offen. Der Pool des gelösten anorganischen Kohlenstoffs steht im Austausch mit der Atmosphäre. Partikulärer organischer Kohlenstoff und partikulärer anorganischer Kohlenstoff werden durch die Sedimentation aus der Oberflächenschicht nach unten exportiert.

Die *Sedimentation* beträgt im Meer zwischen 10 und 20 % der Primärproduktion und in Seen etwa 10–50 %. Sie gewährleistet die Nahrungsversorgung der Nahrungsnetze der Freiwasserzone in den dunklen Tiefenzonen und der Nahrungsnetze am Gewässerboden. Ohne den planktonbürtigen Sedimentregen aus der oberflächennahen Schicht könnten die Lebensgemeinschaften der Tiefenzonen gar nicht existieren.

Letztlich ist es also die Photosynthese der kleinen Algen, die das Leben der Tiere am dunklen Boden der Gewässer möglich macht.

Dies Kreislaufschema gilt im Prinzip – mit einigen Besonderheiten – auch für andere Stoffe.

Durch die Vollzirkulation wird ein Teil der Sedimentationsverluste wieder ausgeglichen

Während des Sinkprozesses geben die Partikel wieder gelöste Substanzen ab, die sich unterhalb der Sprungschicht im Tiefenwasser anreichern können. Da im Dunklen keine Primärproduktion stattfindet – mit Ausnahme der Chemosynthese, handelt es sich um einen einseitigen Transferprozeß von der partikulären in die gelöste, anorganische Phase. Ein Teil der absinkenden, organischen Partikel erreicht den Gewässerboden und dient dort den heterotrophen Benthosorganismen als Nahrung. Durch deren Stoffwechsel kommt es zu einer abermaligen Freisetzung gelöster Substanzen. Dadurch sind die gelösten Konzentrationen biogener Elemente im Porenwasser des Sediments um ein Vielfaches höher als im freien Wasser. Die Wühltätigkeit der Benthostiere bewirkt eine Stoffabgabe an das überstehende Wasser.

Nur ein verschwindend geringer Teil des absedimentierten Materials wird dauerhaft im Sediment deponiert. Dennoch ist die Anhäufung dieses Anteils über geologische Zeiträume von ausschlaggebender Bedeutung für die gesamte Erdoberfläche, wie wir im letzten Abschnitt dieses Kapitels darlegen werden.

Im Meer verlassen etwa 10 bis 25 % der jährlichen Primärproduktion des Planktons die oberflächennahe Zone durch Sedimentation. Etwa 1 bis 6 % davon erreichen den Meeresboden und nur Prozentbruchteile werden dauerhaft deponiert.

Durch die *Vollzirkulation* findet ein Konzentrationsausgleich gelöster Substanzen mit dem Oberflächenwasser statt. Dadurch wird das Loch, das die Sedimentation in den kurzgeschlossenen Kreislauf gerissen hat, zum Teil wieder geschlossen, und zwar ein- oder zweimal im Jahr.

In den warmen Hochseegebieten verhindert die *permanente Sprungschicht* die jährliche Rückführung von Stoffen, die einmal unter diese Schicht abgesunken sind. Sie treiben mit dem Tiefenwasser seitlich ab, bis sie in den kalten Regionen oder in den Auftriebszonen an den Kontinentalrändern nach oben transportiert werden und dort den Nährstoffreichtum dieser Zonen begründen. Dieser Rückführungsprozeß kann Jahrtausende dauern.

Das Plankton der Meere trägt etwa ein Drittel zur Primärproduktion der gesamten Erde bei

Seit dem Internationalen Biologischen Programm in den 70er Jahren interessiert sich die Wissenschaft für die Frage, wieviel organische Substanz insgesamt auf der Erde von den Organismen produziert wird. Der Einfachheit halber werden die Produktionsrate als Gramm Kohlenstoff pro Fläche und Zeit angegeben. Das bedeutet natürlich nicht, daß Kohlenstoff produziert wird, sondern es wird lediglich organisch gebundener aus anorganisch gebundenem gemacht. Wegen der großen Vielfalt der verschiedenen Lebensräume ist es extrem schwierig, zuverlässige Daten zu bekommen. Die Bestimmung der Planktonproduktion ist dabei noch die einfachste Teilaufgabe. Die Werte in Tabelle 1 sind daher nur als grobe Orientierung zu verstehen und können ebenso das Doppelte oder auch nur die Hälfte betragen.

Tabelle 1. Primärproduktion, Biomasse und Primärproduktion-Biomasse-Verhältnis von wichtigen Großökosystemen der Erde.

	Produktion	Biomasse	Prod-Biom
	$g\ C/(m^2 \cdot y)$	$g\ C/m^2$	$1/y$
Meere, tropisch	30	0,6	50
Randmeere und Auftriebszonen	120	4,0	30
Seen, tropisch	100–3200	2,5–160	20–40
Seen, gemäßigt	50–1800	1,5–90	20–40
Seen, boreal	30–800	0,75–40	20–40
Wald, tropisch	800	20000	0,04
Wald, gemäßigt	560	14000	0,04
Wald, boreal	360	9000	0,04
Savanne	320	1600	0,2
Tundra	60	300	0,2

Primärproduktion im Meer

Sie beträgt großflächig zwischen 30 und 120 g Kohlenstoff pro Quadratmeter und Jahr. An lokal eutrophierten Stellen sind auch höhere Werte möglich. Interessanterweise befinden sich die unproduktiven Gebiete in den tropischen Meeresbecken, wo die permanente Sprungschicht zur Nährstoffverarmung führt. Produktiv sind die vertikal zirkulierenden Randmeere der gemäßigten Zone und die Auftriebsgebiete. In den nährstoffreichen polaren Meeren ist die Produktion wegen des geringeren Lichtangebots und der kürzeren Vegetationsperiode wieder etwas geringer.

Produktionsraten in Seen

Dort ist die Spannweite der beobachteten Produktionsraten wesentlich größer als in den Meeren. Der Nährstoffreichtum hat dabei insgesamt eine größere Bedeutung als die geographische Breite. Die nährstoffreichsten Seen (obere Grenzen der angegebenen Spannweiten) gehören zu den produktivsten Ökosystemen überhaupt.

Vergleich mit terrestrischen Systemen

Während das Plankton nährstoffreicher Seen im Extremfall sogar höhere Produktionsraten als tropische Wälder erreichen kann, sind die Biomassen planktischer Systeme um mehrere Zehnerpotenzen kleiner als in Waldökosystemen. Das kommt besonders deutlich in den Produktions-Biomasse-Verhältnissen zum Ausdruck. Während Wälder pro Jahr nur 4 % ihrer Biomasse produzieren, produzieren Phytoplankter das 20- bis 50fache ihrer Biomasse. Der alles entscheidende Faktor bei diesem Unterschied in der spezifischen Produktionsleistung ist die Größe der dominierenden Primärproduzenten. Im Vergleich dazu sind die geographische Breite oder das Nährstoffangebot unwesentlich.

Anteil des Planktons an der Weltproduktion

Trotz seiner teilweise sehr hohen Produktivität trägt das Plankton der Seen wegen der geringen Gesamtfläche der Seen nur unwesentlich zur globalen Primärproduktion bei. Demgegenüber beträgt die geschätzte Gesamtproduktionsrate des Phytoplanktons der Meere 27 Milliarden Tonnen Kohlenstoff pro Jahr gegenüber etwa 50 Milliarden Tonnen Kohlenstoff pro Jahr auf den Landflächen. Das Phytoplankton der Meere steuert damit etwa ein Drittel zur weltweiten Primärproduktion bei. Andererseits ist der Anteil der gesamten Freiwasserzone – also inklusive Zooplankton, Bakterien und Nekton – an der Weltbiomasse mit nur etwa 0,2–0,3 % sehr klein.

Funktioniert das Meeresplankton als Kohlendioxidpumpe?

Gegenwärtig nimmt der Kohlendioxidgehalt der Atmosphäre aufgrund der Verbrennung fossiler Energieträger kontinuierlich zu. Wegen des daraus resultierenden »Glashauseffektes« wird eine Erwärmung des Erdklimas mit einer Reihe von katastrophalen Folgewirkungen befürchtet. Die jährliche Kohlendioxidzunahme beträgt etwa 2,3 Milliarden Tonnen Kohlenstoff pro Jahr und damit ungefähr ein Zehntel der Primärproduktion des marinen Planktons. Man könnte sich also ausmalen, daß eine Steigerung der Primärproduktion des Phytoplanktons um lediglich 10 % das überschüssige Kohlendioxid aufbrauchen würde. Deshalb wurde auch die Idee diskutiert, durch eine kontrollierte Düngung von Meeresgebieten die Primärproduktion anzukurbeln. Leider geht die Rechnung nicht auf, da ca. 90 % des photosynthetisch fixierten Kohlendioxids durch den kurzgeschlossenen Kreislauf wieder zurückgeführt werden. Eine Steigerung der Primärproduktion um 2,3 Milliarden Tonnen Kohlenstoff pro Jahr wäre daher keineswegs ausreichend, denn nur derjenige Anteil der Primärproduktion, der unter die permanente Thermokline sedimentiert, wäre für einige Jahrtausende dem Austausch mit der Atmosphäre entzogen. Angenommen, daß das Verhältnis von Primärproduktion und Sedimentation gleich bliebe, wäre beinahe eine Verdoppelung der Primärproduktion nötig, um den gewünschten Effekt zu erzielen. Dies ist weder möglich, noch wäre es wegen der nachteiligen Folgewirkungen der Düngung vertretbar.

Dieser desillusionierenden Schlußfolgerung auf kurze Frist steht jedoch eine gigantische Bedeutung der Meeresökosysteme für die Umverteilung des Kohlenstoffs zwischen Atmosphäre, Hydrosphäre und Lithosphäre auf erdgeschichtlicher Zeitskala gegenüber. Die Erde in ihrer heutigen Gestalt wäre ohne diesen Umverteilungsprozeß gar nicht denkbar. Für die Erdoberfläche ist dabei besonders der langsame Prozeß der Bildung dauerhafter Sedimente, insbesondere des Kalkes, wichtig. Obwohl nur ein Tausendstel der jährlichen Primärproduktion dauerhaft deponiert wird, hat sich in geologischen Zeiträumen ein riesiger Pool deponierten Kohlenstoffs angesammelt. Der Kalk, der zum größten Teil als Skelettsubstanz von Meeresorganismen abgelagert wurde, ist mit Abstand der größte Kohlenstoffpool der Erdoberfläche.

Die herausragendste biogeochemische Leistung der Organismen war die Umwandlung der ursprünglich anaeroben in eine aerobe Atmosphäre und die Anlage der Kohlenstoffdepots in der Lithosphäre. Die Umwandlung der anaeroben in eine aerobe Atmosphäre wurde zunächst durch die Photosynthese der Blaualgen bewirkt, später in der Stammesgeschichte nahmen auch eukaryotische Algen und noch später höhere Pflanzen an der Sauerstoffproduktion teil. Ohne aerobe Atmosphäre wäre die Entwicklung der höheren Organismen unmöglich gewesen. Ohne die Deponierung des Kohlenstoffs hätte sich das Leben auf der Erde nicht erhalten können, da der Vulkanismus den Kohlendioxidgehalt der Atmosphäre langsam, aber kontinuierlich erhöht hätte, und der Anteil würde heute 98 % statt 0,03 % betragen. Die mittlere Oberflächentemperatur der Erde betrüge dann 240–340 °C statt 13 °C und der Druck der Atmosphäre 60 statt 1 bar. Das sind Bedingungen, die von keinem Organismus überlebt werden können.

8 Plankton und Wasserqualität

Eutrophierung

Meistens entscheiden Stickstoff oder Phosphor über die Fruchtbarkeit eines Gewässers

Die Produktion und die Biomasse aller trophischen Ebenen des Planktons hängen von der geographischen Breite und dem Nährstoffgehalt ab. Dieser wird mit dem Begriff *Trophie* umschrieben, der durchaus mit dem Begriff der Fruchtbarkeit von Landflächen verglichen werden kann. Eutroph (nährstoffreich) entspricht dann dem Begriff fruchtbar und oligotroph (nährstoffarm) dem Begriff unfruchtbar. Die Trophie ist einer der zentralen Begriffe in der Typologie von Gewässern, insbesondere von Seen.

Auf welche Nährstoffe kommt es dabei an? Im allgemeinen auf den *Stickstoff* und den *Phosphor*. Silikat begrenzt zwar oft das Wachstum der Kieselalgen, diese können jedoch bei Silikatmangel durch unverkieselte Phytoplankter ersetzt werden. Damit ist auch bei vollständigem Fehlen des Silikats ein weiteres Wachstum des Phytoplanktons und damit die Ernährung des Zooplanktons sichergestellt.

In den meisten *Seen* gilt *Phosphor* als der begrenzende Faktor, während der Stickstoff oft im Überschuß vorhanden ist. Es gibt jedoch auch Seen, darunter vermutlich auch der größte See der Welt, der Baikalsee in Rußland, in denen das Wachstum der Algen vom Stickstoff begrenzt wird. Für die *Weltmeere* gilt häufig der *Stickstoff* als begrenzender Faktor des Phytoplanktonwachstums. Es spricht jedoch auch manches dafür, daß das Stickstoff- und das Phosphorangebot so ausgewogen sind, daß im Phytoplankton stickstoff- und phosphorlimitierte Arten zusammen vorkommen. Für einige Meeresgebiete, in denen stets hohe Stickstoff- und Phosphorkonzentrationen aber trotzdem niedrige Phytoplanktonbiomassen vorhanden sind, wurde in den letzten Jahren Eisenmangel als limitierender Faktor festgestellt.

Eutrophierung ist die Düngung eines Gewässers

In der geologischen Entwicklung von Seen ist die Eutrophierung ein natürlicher, an die Verlandung gekoppelter Vorgang, der jedoch je nach der Größe des Sees Jahrhunderte bis Jahrmillionen, wie beim Baikalsee, dauert.

Nach dem Zweiten Weltkrieg hat die Trophie zahlreicher Seen und Küstenmeere jedoch rapide zugenommen. In den 60er Jahren wurde diese beschleunigte Eutrophierung von der Öffentlichkeit der wohlhabenden Länder als Umweltproblem wahrgenommen. Bald danach gelang auch der Nachweis, daß die rasante Eutrophierung von den Menschen verursacht wurde. Die damals initiierten und seither ständig ausgeweiteten Programme zur Eutrophierungskontrolle trugen in den späten 70er und 80er Jahren erste Früchte. Die Eutro-

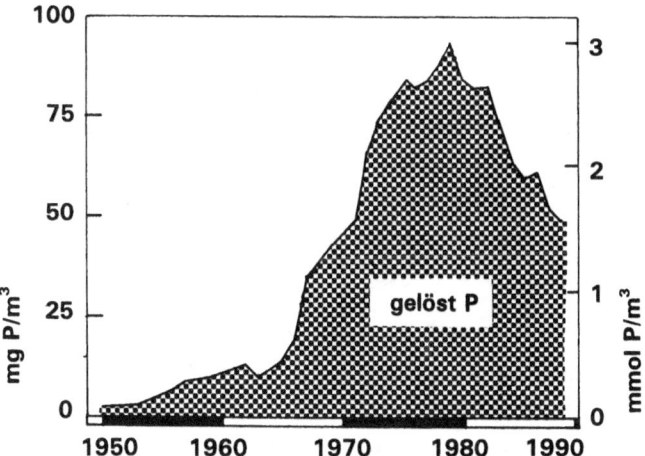

Abb. 39. Fruchtbarkeit und Unfruchtbarkeit des Bodensees, dargestellt durch die Jahresmaxima (während der Winterzirkulation) des gelösten Phosphors. Im Prinzip wird die Trophie durch den Gesamtphosphor besser charakterisiert, da jedoch für die frühe Eutrophierungsgeschichte keine Phosphorwerte vorliegen, wurde ersatzweise auf den gelösten Phosphor während der Zirkulation zurückgegriffen, der im Bodensee etwa 65–85 % des Gesamtphosphors zu dieser Zeit ausmacht (nach Tilzer et al. 1991).

phierung vieler Seen konnte teils abgestoppt und teils sogar zurückgedreht werden (Abb. 39).

Wenn die Trophie eines Gewässers nichts anderes als seine Fruchtbarkeit ist, dann ist die Eutrophierung im Grunde nichts anderes als die Düngung eines Gewässers. Warum wird sie trotzdem als unerwünscht angesehen? Warum wurden in den letzten Jahrzehnten Milliarden investiert, um die Eutrophierung abzubremsen oder rückgängig zu machen? Tatsächlich ist die Besorgnis über die Eutrophierung keineswegs selbstverständlich. So beklagte noch in den 30er Jahren der Fischereiwissenschaftler Demoll die Unfruchtbarkeit und die deshalb geringen

Fischerträge des Bodensees und schlug vor, ihn durch Fäkalien aus dem Umland zu düngen.

Auch wenn wir heute die Eutrophierung negativ bewerten, so müssen wir doch deutlich zwischen einer Düngung, ggf. auch Überdüngung und einer Einleitung von Giftstoffen, z.B. Schwermetallen oder Pflanzenschutzmitteln, unterscheiden.

Waschmittel, landwirtschaftliche Düngung und stickstoffhaltige Abgase haben einen entscheidenden Anteil an der Gewässereutrophierung

Warum ist die Eutrophierung in Europa und Nordamerika so schlagartig erfolgt, obwohl die Besiedlungsdichte im Vergleich dazu eher langsam zugenommen hat? Ein wichtiger Faktor war die Einführung *phosphathaltiger Waschmittel* in der Zeit nach dem Zweiten Weltkrieg, die über häusliche Abwässer in die Gewässer gelangen konnten. Der Weg der Abwässer in Seen und Meere wurde durch die flächendeckende Einführung der Kanalisierung noch beschleunigt. Da Phosphor im Gegensatz zum Stickstoff im Boden relativ stark festgehalten wird, lassen Abwässer, die erst durch die Sickergrube und dann durch das Grundwasser ihren Weg in Seen und Meere finden müssen, auf ihrem Weg viel mehr Phosphor zurück als kanalisierte Abwässer.

> Im Jahr 1975 wurde die jährliche Gesamtfracht des Phosphors in den Bodensee auf etwa 2500 Tonnen geschätzt. Der Anteil der Phosphors aus Waschmitteln machten dabei 59 % und der Anteil aus Fäkalien etwa 20 % aus. Im Vergleich dazu betrug der Anteil ausgewaschener Phosphordünger nur etwa

9 %. Vor dem Zweiten Weltkrieg betrug die Gesamtfracht nur etwa 250 Tonnen, also ein Zehntel. Davon machten die Fäkalien etwa Zweidrittel aus, während der Phosphor aus Waschmitteln überhaupt keine Rolle spielte. Die Zunahme der Phosphorfrachten ging also zu 66 % auf die Waschmittel zurück. Alle anderen Bestandteile der Phosphorbelastung nahmen zwar auch zu, aber wesentlich langsamer (Wagner 1976).

In häuslichen Abwässern liegt das Stickstoff-Phosphor-Verhältnis deutlich unterhalb des von Phytoplanktern beanspruchten Verhältnisses. Von Landflächen wird allerdings wesentlich mehr *Stickstoff* als Phosphor eingetragen, da er vom Boden wesentlich schlechter zurückgehalten wird. Intensive Düngung ist damit eine Hauptquelle der erhöhten Stickstoffeinträge. Eine weitere Quelle sind Stickstoffverbindungen in den Niederschlägen. Dabei handelt es sich um Stickoxide aus der Verbrennung fossiler Brennstoffe, wie z.B. in Automotoren, und um Ammoniak, der gasförmig von Massentierhaltungen abgegeben wird. Da diese Stickstoffeinträge diffus und nicht kanalisiert sind, ist der Stickstoff wesentlich schwerer als der Phosphor durch Kläranlagen unter Kontrolle zu bekommen.

Die unerwünschten Eutrophierungsfolgen bestehen vor allem im Auftreten von Wasserblüten und in einer Verschlechterung des Sauerstoffhaushaltes

Phytoplanktonbiomasse

Die erste und unmittelbarste Folge der Eutrophierung ist eine Zunahme der Biomasse des Phytoplanktons während der Vegetationsperiode, insbesondere im Sommer. Auch Laien können diesen Unterschied leicht erkennen: Das Wasser in nährstoffreichen Gewässern ist trüb und von Algen grün, braun oder rötlich gefärbt, während es in nährstoffarmen Gewässern blau und klar ist, es sei denn, es ist durch Humusstoffe braun gefärbt.

Umfangreiche vergleichende Untersuchungen haben ergeben, daß die Zusammenhänge zwischen der Zunahme des begrenzten Nährstoffes und der Phytoplanktonbiomasse fast linear ist: Verdoppelt man das Nährstoffangebot, so verdoppelt sich auch die Biomasse des Phytoplanktons. Maßgeblich für die Einstufung eines Gewässers ist dabei stets die Gesamtkonzentration des limitierenden Nährstoffes, d.h. die in Lösung befindliche plus die in Partikeln aufgenommene Menge.

Die Erhöhung der Biomasse durch Düngung betrifft nicht gleichmäßig das ganze Jahr, sondern tritt vor allem in der Sommerphase auf. Damit macht sich die Eutrophierung gerade zu der Jahreszeit bemerkbar, in der die touristische Nutzung der Gewässer ihren Höhepunkt hat. Zweifellos hat der Einfluß der Fremdenverkehrswirtschaft dazu beigetragen, daß die Seeneutrophierung im Gegensatz zu vielen anderen Umweltbelastungen entschlossen und mit großem Aufwand bekämpft wurde. Allerdings ist die Zunahme der Phytoplanktonbiomassen für sich genommen eher eine harmlose Eutrophierungsfolge. Es mag zwar für einige unappetitlich sein, in einer grünen Algenbrühe zu schwimmen, schädlich ist es jedoch solange nicht, solange keine giftigen oder allergieauslösenden Algen vorherrschen.

Phytoplanktonqualität

Im Zuge der Eutrophierung wird zwar das Angebot an Phosphor und Stickstoff erhöht, nicht jedoch das Angebot an Silikat. Ebensowenig wird das Lichtangebot erhöht. Im Gegenteil, durch die höheren Biomassen nimmt die Durchsichtigkeit des Wassers ab und damit die Verfügbarkeit des Lichtes für die Algen. Durch alle diese Änderungen verschieben sich die Konkurrenzverhältnisse innerhalb des Phytoplanktons. So gehen etwa abnehmende Silizium-Phosphor- und Silizium-Stickstoff-Verhältnisse zu Lasten der Kieselalgen. Wenn durch häusliche Abwässer das Stickstoff-Phosphor-Verhältnis sinkt, kann es zu einem Umschlagen von Phosphor- zu Stickstofflimitation kommen, und dann sind stickstofffixierende Blaualgen mit Heterozysten im Vorteil. Die stärkeren vertikalen Unterschiede im Angebot von Licht und Nährstoffen verschieben die Konkurrenzverhältnisse zugunsten beweglicher Algenarten.

Neben der Verschiebung der Konkurrenzverhältnisse innerhalb des Phytoplanktons verändert sich auch der Einfluß des herbivoren Zooplanktons. Einerseits bewirkt die Veränderung des Phytoplanktonangebots Veränderungen in Qualität und Menge des Zooplanktons, andererseits vermindert die Verschlechterung der Sichtverhältnisse den Einfluß visuell selektierender Fische auf das Zooplankton. Die Veränderungen im Zooplankton wirken nun ihrerseits auf das Phytoplankton zurück.

Da die Wechselbeziehungen sehr komplex sind, sollen hier nur einige charakteristische Eutrophierungsanzeiger im Phytoplankton aufgezählt werden (Details s. Sommer 1994). Einige von ihnen kommen zwar auch in nährstoffarmen Gewässern vor, charakteristisch für nährstoffreiche Gewässer ist jedoch ihr Massenauftreten.

- *Schwachlichtadaptierte Blaualgen.* Hierzu zählen u.a. Vertreter der Gattungen *Limnothrix* und *Planktothrix*. Sie kommen entweder in dauernd zirkulierenden, sehr biomassereichen Flachseen vor oder in geschichteten Seen mäßiger Eutrophie. Typisch für den zweiten Fall ist die rot pigmentierte *Planktothrix* (früher Oscillatoria) *rubescens,* die während der Zirkulationsphase das Wasser rosa färben kann und den Sommer in dichten Beständen im Metalimnion überdauert.
- *Starklichtadaptierte Blaualgen.* Diese Arten, wie z.B. *Anabaena, Aphanizomenon, Nodularia* und *Microcystis*, können mit ihren Gasvakuolen vertikal wandern. Die ersten drei sind zur Stickstofffixierung befähigt. Vor allem in Ruhewetterphasen am Ende von Windperioden treiben sie an die Wasseroberfläche auf und bilden dort dichte Beläge. Früher wurde nur dieses Phänomen als »Wasserblüte« bezeichnet, während heute das Wort »Blüte« oft für alle Massenentfaltungen gilt, weshalb man zur besseren Unterscheidung von »Oberflächenblüte« sprechen sollte. *Nodularia* kommt als Brackwasserart auch in der Ostsee vor, während die anderen Bildner von Oberflächenblüten auf Seen und den salzärmsten, östlichen Teil der Ostsee beschränkt sind.
- *Dinoflagellaten.* Große Dinoflagellaten sind für eutrophierte Zustände unter geschichteten Bedingungen sowohl im Meer als auch im Süßwasser charakteristisch. Wegen der rotbraunen Farbe, die sie dem Wasser verleihen, werden ihre Massenentfaltungen im Meer als »rote Tiden« bezeichnet.

Giftige Nanoflagellaten. Giftige Flagellaten in der Nanoplankton-Größenklasse scheinen eher im Meer als im Süßwasser als Eutrophierungsfolge massenhaft aufzutreten. Das bekannteste Beispiel ist die *Chrysochromulina polylepis*-Blüte, die im Jahr 1988 die Tierwelt im Skagerak und Kattegat verheerte.

Phaeocystis. Dieser Flagellat repräsentiert in seinem kolonialen Status dieselbe Morphologie wie *Microcystis* im Süßwasser: Millimeter-, manchmal sogar zentimetergroße, gallertige Kolonien mit vielen, kleinen Einzelzellen. Die zunehmende Intensität und Dauer von *Phaeocystis*-Blüten in der südlichen Nordsee wird ebenfalls der Eutrophierung zugeschrieben.

Die qualitativen Verschiebungen innerhalb des Phytoplanktons sind oft eine unangenehmere Eutrophierungsfolge als die Biomassezunahme. Unter den Eutrophierungsanzeigern gibt es giftige Algen, durch die es zu Fischsterben kommen kann, kommerziell bedeutende Meerestiere, insbesondere Muscheln, können giftig oder das Wasser kann ungeeignet werden, um als Rohwasser für die Trinkwassergewinnung zu dienen. Manche Blaualgen können auch allergische Reaktionen bei Badenden auslösen. Das Problem der Giftalgen wird noch in einem gesonderten Abschnitt behandelt werden.

Sauerstoffhaushalt

Die unangenehmsten Folgen der Eutrophierung sind die Veränderungen im Sauerstoffhaushalt. Durch die erhöhte Biomasseproduktion in der nährstoffreichen Zone kommt es auch zu einer Erhöhung der Sedimentation in das Tiefenwasser. Der bakterielle Abbau des sedimentierenden Materials verbraucht Sauerstoff. Dieser

Sauerstoffverbrauch führt entweder schon im freien Wasser oder an der Sedimentoberfläche zu Sauerstoffmangel bis hin zum vollständigen Fehlen von Sauerstoff. Ein an seiner Oberfläche sauerstoffreies Sediment setzt Phosphor frei anstatt ihn zu binden, was zu einer weiteren Beschleunigung der Eutrophierung führt. Vor allem aber stirbt ein Großteil der Tierwelt des Bodens ab und nur wenige, an anaerobe Bedingungen angepaßte Arten können überleben.

Auswirkungen auf die Fischerei

Der Ausfall vieler Bodentiere verändert die Nahrungsbasis der Fische. Sauerstofffreie Zonen können natürlich auch von Fischen nicht besiedelt werden. Fischlaich stirbt ab, wenn er auf ein anaerobes Sediment absinkt. Dadurch können sich Fischarten nicht mehr fortpflanzen, die ihren Laich in der Freiwasserzone ablegen. Aber auch für Fische, die ihren Laich im Uferbereich ablegen, engt sich der Lebensraum ein. Durch die Verschlechterung der Lichtverhältnisse wird der Tiefenbereich, in dem bodenbewohnende Wasserpflanzen genügend Licht vorfinden, immer kleiner. Der Wasserpflanzengürtel ist jedoch ein wichtiges Laich- und Aufwuchsgebiet für Jungfische.

Trotz dieser Verschlechterungen kann das vermehrte Angebot von planktischem Futter zu einer Zunahme des Fischertrags führen. Allerdings wird der Gewinn an Quantität durch qualitative Verluste konterkariert. So werden in Seen die begehrten Salmoniden (Lachsartige) und Coregoniden (Renken, Maränen) oft durch nur mäßig attraktive Barsche und durch unattraktive Cypriniden (Weißfische) verdrängt. Aber selbst die quantitative Zunahme ist durch massenhaftes *Fischsterben* in Frage gestellt. Winterfischsterben treten auf, wenn es unter der Eisdecke zu einer Aufzehrung des Sauerstoffs kommt und das Eis den Eintritt von Sauerstoff aus der Luft verhindert. Sommerfischsterben werden entweder durch Giftalgen im Phytoplankton verursacht oder dadurch, daß das in nährstoffreichen Seen reichlich vorhandene Ammoniumion bei hohen pH-Werten in giftigen Ammoniak verwandelt wird.

Während die Seeneutrophierung vielfach unter Kontrolle gebracht werden konnte, lassen Erfolge bei der Meereseutrophierung noch auf sich warten

Natürlich ist es leichter einen kleinen See mit einem kleinen Einzugsgebiet zu sanieren als ein großes Meer mit einem riesigen Einzugsgebiet. Darüber hinaus gibt es vor allem zwei Gründe dafür, daß die Eutrophierungskontrollen bei Seen erfolgreicher waren als bei den Meeren. Einerseits liegt es daran, daß die meisten Meeresgebiete unter ihren Anrainerstaaten auch Länder haben, die kein Geld für Umweltschutz ausgeben können oder wollen (z.B. die ehemaligen Warschauer-Pakt-Staaten im Einzugsgebiet der Ostsee). Andererseits liegt es an der unterschiedlichen Rolle des Phosphors und des Stickstoffs in limnischen und marinen Systemen.

Phosphor

Nachdem anfängliche Zweifel an der Rolle des Phosphors ausgeräumt waren, konzentrierte sich die Bekämpfung der Seeneutrophierung auf dieses Element. Einerseits wurden Höchstmengen für den Phosphorgehalt von Waschmitteln gesetzlich festgelegt und phosphatfreie Waschmittel auf den Markt gebracht. Andererseits wurden immer mehr Kläranlagen gebaut, in denen das Phosphat in den Abwässern durch die Zugabe von Eisen-

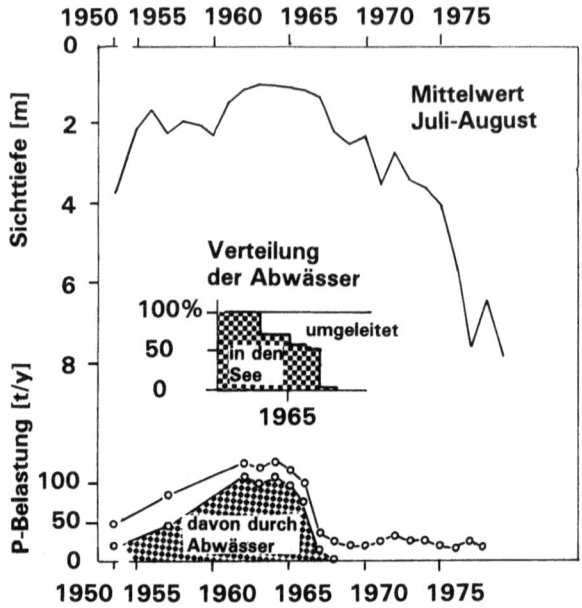

Abb. 40. Eutropierung und Sanierung des Lake Washington (Nordwest-USA) durch Umleitung der Abwässer. *Oben* Sichttiefe als Maß der Trübung durch das Phytoplankton; *Mitte* Anteil der durch die Ringkanalisation erfaßten Abwässer; *unten* Phosphorbelastung des Sees. Die weitere Zunahme der Sichttiefe (Abnahme des Phytoplanktons) nach Vollendung der Abwasserfernhaltung geht auf das Auftreten mehrerer Daphnia-Arten und den dadurch erhöhten Fraßdruck auf das Phytoplankton ab 1976 zurück (nach Edmondson u. Litt 1982).

oder Aluminiumsalzen gefällt wurde. Bei kleinen und mittelgroßen Seen wurden auch Ringkanalleitungen gebaut, die die kanalisierten Abwässer des gesamten Einzugsgebietes aufnahmen und erst dann in den Ausfluß des Sees einspeisten Abb. 40).

Im Prinzip waren alle diese Maßnahmen erfolgreich, manchmal dauerte es jedoch lange bis sie wirkten. Das lag daran, daß in der Zeit der Eutrophierung ein

Phosphorspeicher im Sediment aufgebaut worden war, der nun langsam Phosphor in das freie Wasser entließ (»Interne Belastung«). In diesem Fall werden häufig Zusatzmaßnahmen ergriffen, um den Effekt der Sanierungsmaßnahmen im Einzugsgebiet zu beschleunigen. Eine Möglichkeit besteht in der Belüftung des Tiefenwassers, um oxidierte Verhältnisse an der Sedimentoberfläche herzustellen und dadurch eine Fällung des aus dem Sediment austretenden Phosphors zu bewirken. Ähnlich wirkt die Einbringung anderer sauerstoffreicher Substanzen wie Nitrat auf die Sedimentoberfläche. Eine zwar fragwürdige, aber für die Planktonökologie aus theoretischen Gründen interessante Restaurierungsmaßnahme ist die Biomanipulation, die im nächsten Abschnitt behandelt werden soll.

Stickstoff

Im Gegensatz zum Phosphor erwies sich das Management der Stickstoffbelastung als schwierig. Das liegt erstens daran, daß diffuse Transportwege eine größere Rolle beim Stickstoff als beim Phosphor spielen. Im Gegensatz zu kanalisierten Abwässern lassen sich diese nicht durch Kläranlagen leiten oder durch Ringleitungen an Seen vorbeiführen. Zweitens liegt es an der Stickstoffixierung durch Blaualgen. Diese sind, wenn ihnen der vorhandene Phosphor eine weitere Biomassezunahme erlaubt, von Nitrat und Ammonium unabhängig und können N_2 nutzen, das dann aus der Atmosphäre ergänzt wird. Dadurch ziehen sie gewissermaßen zusätzlichen Stickstoff in das Ökosystem nach und können alle Erfolge bei der Verminderung der Stickstoffbelastung zunichte machen. Allerdings wirkt dieser Mechanismus nicht immer und nicht ganzjährig. Für die Stickstoffixierung sind hohe Lichtintensitäten, eine stabile Schichtung und Temperaturen über 20 °C nötig.

Die Idee der Biomanipulation beruht auf einem »permanenten Klarwasserstadium«

Die Biomanipulation ist trotz mancher Zweifel an ihrem Funktionieren und an ihrer politischen Vertretbarkeit für Planktonökologen interessant geworden, weil sie Aufschluß über Wirkungsmechanismen innerhalb von Nahrungsnetzen der Freiwasserzone gibt: daß nämlich trophische Ebenen nicht nur von ihrer Nahrungsbasis, sondern auch von ihren Freßfeinden beeinflußt werden. Das bedeutet, weniger planktivore Fische – mehr herbivores Zooplankton – weniger Phytoplankton – klareres Wasser. Dieser Effekt wird sekundär noch dadurch verstärkt, daß das klarere Wasser eine Ausdehnung der bodenbesiedelnden Wasserpflanzen in größere Tiefen zuläßt. In der Biomasse dieser Pflanzen werden dann Nährstoffe gebunden, die dem Phytoplankton nicht mehr zur Verfügung stehen.

Der für die Biomassereduktion des Phytoplanktons entscheidende Schritt ist uns schon von der Darstellung des Klarwasserstadiums bekannt: hohe Grazingraten durch das Zooplankton. Allerdings hält diese Situation unter unmanipulierten Bedingungen nur wenige Wochen an. Wenn tatsächlich die Reduktion des Zooplanktons durch Fischfraß eine wichtige Rolle bei der Beendigung des Klarwasserstadiums spielt, sollte eine Dezimierung der Fische eine Verlängerung des Klarwasserstadiums in den Sommer hinein bewirken. Eine wichtige Rolle spielt auch, daß bei Nichtvorhandensein von Fischen große Filtrierer, wie z.B. große *Daphnia*-Arten, dominant werden, die mit großen Phytoplanktern besser zurecht kommen als kleine Filtrierer.

Das erste veröffentlichte Beispiel einer Biomanipulation ist der Versuch von Shapiro und Wright (1984) am Round Lake in Minnesota, USA. Im letzten Jahr vor der Manipulation (1980) betrugen die Chlorophyllkonzentrationen nach dem Klarwasserstadium um 10 µg/l und die Zooplankter waren klein (mittlere Größe um 0,3 mm). Im Herbst 1981 wurde der gesamte Fischbestand mit Rotenon, einem Nervengift, das verhältnismäßig schnell abgebaut wird, ausgerottet. In dem folgenden Sommer war der Chlorophyllgehalt meistens unter 3 µg/l und die Zooplankter waren größer (mittlere Körperlänge um 1 mm). Allerdings kam es im Spätsommer 1982 zu einer Blüte der unfreßbaren Blaualge *Aphanizomenon flos-aquae* mit einer Chlorophyllkonzentration von etwa 25 µg/l.

Das Beispiel des Round Lake zeigte, daß der Ausgang einer Biomanipulation sehr ungewiß ist. Unfreßbare Großphytoplankter können sich unter Umständen auch dann durchsetzen, wenn der Fraßdruck auf das Phytoplankton sehr hoch ist. Gerade die Blüten solcher Algen sind aber vom Gesichtspunkt der Wasserqualität her besonders unerwünscht. Auch bei den nachfolgenden Versuchen mit der Biomanipulation zeigten sich manchmal Erfolge und manchmal Mißerfolge. Diese bestanden meistens in Blüten unfreßbarer Blaualgen. Es ist noch nicht endgültig geklärt, warum die Biomanipulation manchmal ihr Ziel erreicht und manchmal nicht. Natürlich bedarf die Ausbildung von Blaualgenblüten auch geeigneter physikalischer Bedingungen. Außerdem sind nur große Kolonien unfreßbar. Am Anfang der Wachstumsperiode überwiegen jedoch Einzelzellen oder -fäden, bzw. kleine Kolonien. Es kann sein, daß nur wenige Tage Unterschied im Aufwachsen des Zooplanktons im Frühling darüber entscheiden, ob es noch in der Lage ist, die Blaualgen kurz zu halten oder nicht (Sommer 1993).

Neben der Ungewißheit über den Ausgang gibt es noch andere Bedenken gegen die Biomanipulation.

- Ist klares Wasser das einzige Ziel der Eutrophierungskontrolle?
- Rechtfertigt seine Erreichung die Ausrottung oder Dezimierung von Fischbeständen?

Der Einsatz von Giften wie Rotenon wäre in Deutschland ohnehin illegal. Aber auch andere Dezimierungsmethoden, wie z.B. eine exzessive Überfischung widersprechen ja berechtigten Nutzungszielen. In der ehemaligen DDR wurde eine sanftere Methode der Biomanipulation entwickelt, die darin besteht, die planktivoren Fische durch einen übermäßigen Besatz mit Raubfischen wie Hecht und Zander zu dezimieren. Eine solche Methode ist natürlich bei Sportfischern zunächst populär, da sie ein erhöhtes Angebot dieser attraktiven Fischarten mit sich bringt. Bei einem Erfolg der Biomanipulation müssen die Raubfische dann aber unter Hungerbedingungen weiterleben, was zu einem langsameren Wachstum, kleinen Körpergrößen und zu einer geringeren fischereilichen Attraktivität führt. Ob sich ein Raubfischbestand unter Dauerhunger tatsächlich langfristig halten kann, ist auch noch nicht klar. In jedem Fall widerspricht die Biomanipulation einer sinnvollen fischereilichen Bewirtschaftung und kann eine echte Unfruchtbarkeit durch eine Verminderung der Nährstoffbelastung nicht ersetzen. Sie ist eher als Umweltkosmetik denn als Umweltschutzmaßnahme zu betrachten.

Gewässerversauerung

In den 70er Jahren wurde ein weiteres großflächiges Umweltproblem entdeckt: die Versauerung von Seen und Fließgewässern. Allerdings beschränkt sich dieses Problem auf Weichwasser, wie sie in Gebieten mit kristallinen Gesteinen auftreten. Deshalb wurde die Versauerung auch zunächst in Skandinavien, Kanada und im Nordosten der USA entdeckt. In Deutschland sind unter anderem der Bayerische Wald aufgrund des Granits und Teile des Schwarzwaldes mit seinem Buntsandstein betroffen. Die Gewässerversauerung ist gewissermaßen die kleinere, aber ältere Schwester des Waldsterbens: auch für sie werden in erster Linie saure Niederschläge verantwortlich gemacht. Saure Niederschläge entstehen durch die Abgabe von Schwefel- und Stickstoffoxiden durch Verbrennungsprozesse in die Atmosphäre und die Aufnahme dieser Oxide ins Regenwasser. Mit Wasser bilden diese Oxide schwefelige Säure, Schwefelsäure, salpetrige Säure und Salpetersäure. Der pH-Wert des Regenwassers sinkt dadurch unter seinen natürlichen Wert von 5,6 ab und beträgt in weiten Teilen Europas bereits weniger als 4,7. In kalkreichen Gebieten und im Meereswasser reichen die Pufferkapazität des Wassers und des Bodens aus, um diese pH-Senkung abzufangen. In kristallinen Gebieten ist dies jedoch nicht der Fall. In diesen Gebieten gibt es mittlerweile Seen mit pH-Werten unter 4,5.

Neben direkten Auswirkungen des pH-Wertes auf Enzymsysteme der Organismen sind es vor allem indirekte wasserchemische Auswirkungen der Versauerungen, die zum Verschwinden vieler Tier- und Pflanzenarten, darunter auch von vielen Planktern aus versauerten Gewässern führen. In saurem Wasser erhöht sich die Löslichkeit vieler giftiger Metallionen wie z.B. Kupfer, Zink, Nickel, Blei und Kadmium. Besonders wichtig ist das

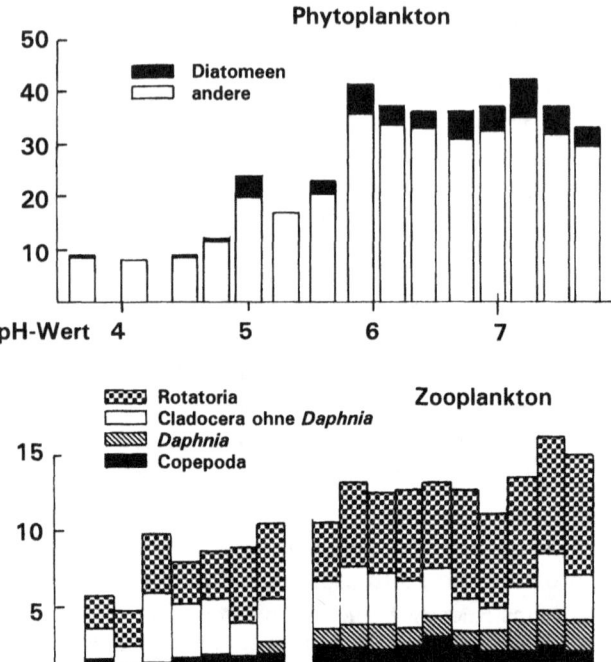

Abb. 41. Artenzahlen des Phytoplanktons (*oben*, basierend auf 115 Seen) und des mehrzelligen Zooplanktons *(unten,* basierend auf 85 Seen) in Seen mit verschiedenen pH-Werten in Schweden (nach Almer et al. 1974).

Aluminium. Es ist eines der häufigsten Elemente der oberen Erdkruste und in allen silikatischen Mineralien vorhanden. Unter neutralen Bedingungen ist es nur schwer löslich, unter sauren Bedingungen erhöht sich die Löslichkeit jedoch drastisch. Außerdem kommt es innerhalb der gelösten Aluminiumionen zu einer Verschiebung von den ungiftigen bzw. wenig giftigen Aluminiumhydroxiden zum giftigen Al^{3+}-Ion.

Durch das erhöhte Angebot von Aluminiumionen wird Phosphor ausgefällt, weshalb die Versauerung eines Sees auch mit einer Unfruchtbarkeit verbunden ist. Ebenso werden Huminstoffe durch das Aluminium gefällt, wodurch die ansonsten häufig braun gefärbten Weichwasserseen klar werden. Zusammen mit der Abnahme des Phytoplanktons führt das zu einer Verbesserung der Durchsichtigkeit des Wassers. Dadurch verlagert sich aber die Primärproduktion vom Plankton auf den Gewässerboden, wo dann Fadenalgen (z.B. *Mougeotia)* oder Torfmoose dominieren.

Alle Lebensgemeinschaften der Gewässer werden artenärmer. Unter den Planktonalgen werden vor allem die Kieselalgen zurückgedrängt (Abb. 41). Im Zooplankton fällt vor allem das Verschwinden der verschiedenen *Daphnia*-Arten bei pH-Werten zwischen 5,0 und 6,0 auf, während die nahe verwandte Cladoceren-Art *Eubosmina longirostris* noch bei pH-Werten von 4,1 gefunden wird. Die meisten Fischarten verschwinden bei pH-Werten zwischen 5,0 und 5,5, wobei die Altfische in der Regel eine stärkere Versauerung ertragen als der Laich und die Jugendstadien.

Die unterschiedliche pH-Toleranz verschiedener Kieselalgen wird auch zur paläoökologischen Rekonstruktion der Versauerungsgeschichte von Seen genutzt (Abb. 42). Dazu werden Sedimentkerne mit einem Stechrohr entnommen und Schicht für Schicht die darin enthaltenen Kieselalgenschalen bestimmt und ausgezählt. Die Altersbestimmung der einzelnen Schichten kann z.B. durch die Analyse radioaktiver Elemente erfolgen. Durch einen Vergleich mit ihrer heutigen Verbreitung werden einzelne Kieselalgenarten bestimmten pH-Bereichen zugeordnet und aus der Artenzusammensetzung in den Sedimenten ein vergangener pH-Wert entnommen. Allerdings spielen in paläoökologischen Analysen die wesent-

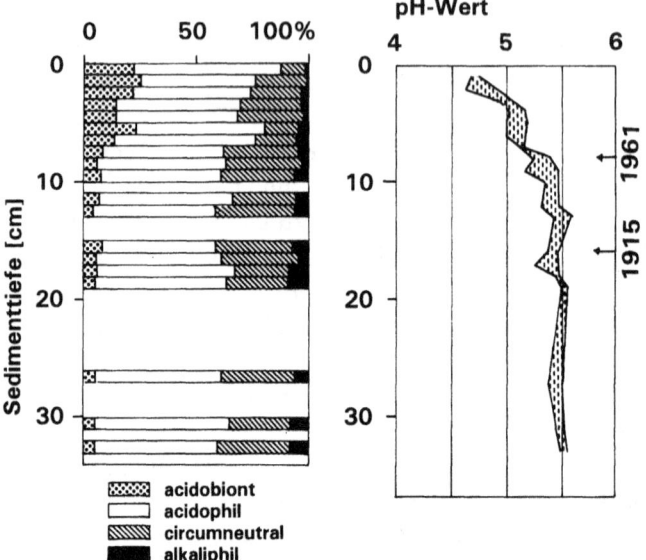

Abb. 42. Rekonstruktion der Versauerungsgeschichte des Großen Arbersees (Bayerischer Wald). *Links* Prozentanteile der verschiedenen Diatomeengruppen im Sedimentprofil. *Rechts* pH-Wert, berechnet nach zwei verschiedenen Verfahren aus den Anteilen der Diatomeengruppen (nach Lenhart u. Steinberg 1984).

lich zahlreicheren Kieselalgen des Benthos eine größere Rolle als die planktischen Arten.

Giftalgen

Blüten von giftigen Algen treten immer häufiger auf

So wie es unter den Landpflanzen und den Pilzen giftige Arten gibt, gibt es auch giftige Arten im Phytoplankton. In den letzten zwei Jahrzehnten haben sich

Berichte über das Massenauftreten von Giftalgen in Meeren und Binnengewässern gehäuft. Der Meeresbiologe Smayda (1990) spricht sogar von einer »globalen Epidemie« in marinen Küstengewässern und führt diese auf die Eutrophierung zurück. Andere Wissenschaftler bezweifeln seine Aussage und meinen, daß lediglich eine Intensivierung der Beobachtungen und eine Verbesserung der Untersuchungsmethoden den Eindruck einer Zunahme hervorgerufen haben. In jedem Fall wird immer klarer, daß die Giftigkeit von manchen Phytoplanktern wichtige Konsequenzen für die Struktur und das Funktionieren im Wasser vorhandener Ökosysteme und für die Nutzung der Gewässer durch den Menschen haben.

Gifte können für den giftproduzierenden Organismus vorteilhaft sein, indem sie Freßfeinde abschrecken, schädigen oder töten. Manchmal wirken derartige Gifte jedoch nur auf ganz andere Organismen schädlich, unter Umständen sogar auf die Freßfeinde der Freßfeinde. Dann ist ihr Nutzen für die Giftalgen meistens unklar. Es kann sich um unvermeidliche Abfallprodukte des Stoffwechsels handeln, die für den Giftproduzenten keine Bedeutung mehr haben, oder auch um Zwischenprodukte, die er weiter verwendet.

Bei Blaualgen und Nanoflagellaten dient die Giftproduktion in erster Linie der Abwehr des Zooplanktons

Im Süßwasser sind es bisher in erster Linie Blaualgen gewesen, die als Giftalgen aufgefallen sind. Meistens handelt es sich dabei um einzelne Stämme innerhalb von Arten, in denen auch ungiftige Stämme auftreten. Giftige Stämme traten u.a. in den Gattungen *Microcystis, Anabaena, Aphnanizomenon* und *Planktothrix* sowie bei der

Brackwasserart *Nodularia spumigena* auf. Die Gifte wirken schädlich bzw. tödlich auf herbivore Zooplankter. Diese erkennen die giftigen Stämme jedoch am Geschmack und versuchen sie zu meiden. Die in ihrem Fraß sehr selektiven Copepoden weichen auf andere Phytoplankter aus, und die unselektiv filtrierenden Cladoceren stellen das Fressen überhaupt ein (Lampert 1987). Auf Vieh, das aus Gewässern mit Massenvorkommen giftiger Blaualgen trinkt, wirken Gifte wie das aus *Microcystis* isolierte Microcystin schwer leberschädigend, bei hoher Dosierung sogar tödlich. Da die Blaualgengifte auch aus den Zellen in das Wasser austreten können, sind sie auch für den Menschen gefährlich, wenn aus solchen Gewässern Trinkwasser gewonnen wird und die Gifte bei der Aufbereitung nicht zerstört werden. Akut toxische Dosen sind im Trinkwasser zwar bisher noch nicht aufgetreten, eine krebsfördernde Wirkung niedriger Dosen ist jedoch nachgewiesen. Vor allem in Entwicklungsländern, wo weder eine Kontrolle noch adäquate Aufbereitung des Trinkwassers gewährleistet sind, besteht ein erhebliches Gefährdungspotential.

Die Giftigkeit mancher mariner Nanoflagellaten wird ebenfalls der Abwehr herbivorer Zooplankter zugeschrieben. Das bekannteste Beispiel ist die schon mehrmals erwähnte Blüte von *Chrysochromulina polylepis* im Mai 1988 im Skagerrak und Kattegat. Diese Art ist weit verbreitet und war schon lange bekannt, allerdings nicht als Blütenbildner. Bei Dichten unter 10 Zellen pro Milliliter wirkt das Gift in erster Linie abschreckend auf herbivore Zooplankter. Damals wurden jedoch Dichten von mehr als 1000 Zellen pro Milliliter erreicht und das Gift wirkte nicht nur auf herbivore Zooplankter, sondern auch auf eine Vielzahl anderer Tiere tödlich. Die Wirkung des Giftes von *Chrysochromulina* besteht darin, daß sich die Durchlässigkeit von Zellmembranen ändert und dadurch den Ionenhaushalt von Meeresorganismen stört.

Muschelvergiftungen können auf Dinoflagellaten und sogar auf Kieselalgen zurückgehen

Viele Muschelarten sind Filtrierer, die sich vom Plankton ernähren. Dazu gehören auch von Menschen gegessene Muschelarten, wie die Miesmuschel *Mytilus edulis*. Beim Verzehr von Meeresmuscheln kommt es immer wieder zu Vergiftungen durch Gifte aus Phytoplanktern, die sich in den Muscheln angereichert haben. Die Muscheln selbst erleiden durch die Giftalgen keinen nachweisbaren Schaden, können aber für ihre Konsumenten extrem gefährlich sein. Auch andere Meerestiere, wie Krebse oder Fische können diese Gifte enthalten, sei es, weil sie selber Plankter gefressen haben oder weil sie diese Gifte indirekt über andere Futterorganismen angereichert haben. Das bekannteste Gift ist das von manchen Dinoflagellaten, wie z.B. *Alexandrium tamarense*, produzierte *Saxitoxin*. Neuerdings wurden jedoch auch giftige Kieselalgen entdeckt (z.B. *Pseudonitzschia pungens*), die unter bestimmten Bedingungen Domoinsäure enthalten. Man kann mehrere Vergiftungsarten unterscheiden:

- Die diarrhöische Muschelvergiftung (DSP: Diarrhetic shellfish poisoning) führt zu Durchfall und Übelkeit.
- Die paralytische Muschelvergiftung (PSP: Paralytic shellfish poisoning) führt zu Lähmungserscheinungen und im Extremfall sogar zum Tod durch Atem- oder Herzlähmungen. Sie wird durch Saxitoxin verursacht.

- Die nervenschädigende Muschelvergiftung (NSP: Neurotoxic shellfish poisoning) beginnt mit Durchfall und Leibschmerzen und führt dann zu Schwindel, Schweißausbrüchen und Angstzuständen.
- Die amnesische Muschelvergiftung (ASP: Amnetic shellfish poisoning) führt zu Gedächtnisstörungen. Sie geht u.a. auf die Domoinsäure zurück.
- Die Ciguatera wird meistens durch tropische Fische übertragen, die das Gift von Dinoflagellaten angereichert haben. Die Ciguatera ist dem neurotoxischen Syndrom sehr ähnlich, hinzu kommt oft eine Verwirrung der Empfindungen für kalt und heiß. An der Ciguatera erkranken jährlich 10000 bis 50000 Menschen auf tropischen Inseln. Sie ist damit die häufigste auf Algen zurückgehende Vergiftung.

In Europa und Nordamerika wird das Wasser im Bereich von Muschelbänken inzwischen regelmäßig überwacht, so daß das Risiko von Muschelvergiftungen nur mehr klein ist. Auch die alte Regel, Muscheln nur in den Monaten mit r (September bis April) zu verzehren mindert das Risiko, da Dinoflagellatenblüten überwiegend ein Sommerphänomen sind. Allerdings treten giftige Kieselalgenblüten vor allem im Herbst auf. Vergiftungsvorfälle, die darauf zurückgehen, sind bis jetzt jedoch seltener gewesen als Vergiftungen durch Dinoflagellaten.

Glossar

aerob in Anwesenheit von Sauerstoff.
amiktisch Gewässer ohne vertikale Durchmischung.
Ammonifikation Bildung von Ammonium aus Nitrat bei der Nitratatmung.
anaerob ohne Sauerstoff.
aphotische Zone dunkle Tiefenzone, in der keine Photosynthese möglich ist.
Attenuation vertikale Abschwächung der Lichtintensität durch Absorption und Streuung.
Auftriebsgebiet Zonen, in denen kaltes, nährstoffreiches Tiefenwasser an die Oberfläche strömt.
Autotrophie Wachstum unter Nutzung von Kohlendioxid und Bikarbonat als Kohlenstoffquelle des Baustoffwechsels.

Bakterioplankton bakterielles Plankton (ohne Cyanobakterien).
Bakterivorie Ernährung durch Bakterien.
Benthos Organismengemeinschaft des Gewässerbodens (»Benthal«).
biogene Elemente Elemente, aus denen Biomasse der Organismen aufgebaut ist.
biogeochemische Kreisläufe Stoffkreisläufe, an denen sowohl biologische als auch chemische Umsetzungen beteiligt sind.

Biomanipulation Unterdrückung des Phytoplanktonwachstums durch indirekte Förderung des Grazings, z.B. durch Reduktion der zooplanktivoren Fische.
Biomasse Masse der lebenden Organismen.
Blüte Massenentfaltung von Phytoplanktern.

Carnivorie Ernährung durch tierisches Material.
Chemosynthese Aufbau organischer Substanzen unter Nutzung der Energie von chemischen Reaktionen.
Chemotrophie Wachstum unter Nutzung energiefreisetzender, chemischer Reaktionen als energetische Basis des Baustoffwechsels.
Chlorophyll hauptsächliches photosynthetisches Pigment der Pflanzen, der photosynthetischen Protisten und der Cyanobakterien; wird häufig als indirektes Maß für die Biomasse des Phytoplanktons verwendet.
Copepodid spätes Larvenstadium der Copepoden.

Dauerei Eier, die zur Überdauerung ungünstiger Perioden dienen.
Denitrifikation Umwandlung von Nitrat in molekularen Stickstoff bei der Nitratatmung.
Detritivorie Ernährung durch Detritus.
Detritus abgestorbenes, organismisches Material.
DIC Gelöster, anorganischer Kohlenstoff (Kohlendioxid, Bikarbonat, Karbonat).
dimiktisch Gewässer mit zwei Vollzirkulationen pro Jahr.
DIN gelöster, anorganischer Stickstoff (Nitrat, Nitrit, Ammonium).
DOC gelöster, organischer Kohlenstoff.

Effizienz, ökologische Quotient der Produktionsraten aufeinanderfolgender Glieder der Nahrungskette.
Energiefluß Weitergabe des energetischen Gehalts in Nahrungsketten- und netzen.
Entkalkung Fällung von $CaCO_3$ durch photosynthetischen CO_2-Entzug aus dem Wasser.
Epilimnion warme Oberflächenzonen geschichteter Seen.
euphotische Zone oberflächennahe Schicht mit ausreichendem Lichtangebot für die Photosynthese.
eutroph nährstoffreich.
Exkretion Abgabe gelöster, organischer Substanzen.

Femtoplankton Plankton unter 0,2 mm (Viren und Phagen).
Filtration Aufnahme suspendierter Futterpartikel durch filter- oder siebähnliche Strukturen.
Filtrationsrate Wassermenge, die von Filtrierern pro Zeiteinheit durchgefiltriert wird.
Formwiderstand Faktor, um den ein suspendierter Partikel langsamer sinkt als eine volumen- und massengleiche Kugel.
Frühjahrsblüte Massenentfaltung von Planktern im Frühjahr.
Fucoxanthin wichtigstes gelbbraunes Pigment der Chrysophyta, darunter auch der Kieselalgen.

Gärung Energiegewinnung ohne Sauerstoff, bei der ein Ausgangsprodukt in eine reduzierte und eine oxidierte Komponente zerlegt wird.
Gasvakuolen gasgefüllte Vesikel in Cyanobakterienzellen.
Geburtenrate Zahl der Geburten pro Populationsgröße und Zeiteinheit.

Grazing Fraß von Phytoplanktern und Bakterien durch Zooplankter, »Abweiden«.

Grazingrate relative Rate der auf das Grazing zurückgehenden Verluste aus einer Phytoplankton- oder Bakterienpopulation.

Hartwasser Süßwasser mit relativ hoher Kalzium- und Magnesiumkonzentration.

Herbivorie Ernährung durch pflanzliches Material.

Heterotrophie Wachstum unter Nutzung organischer Substanzen als Kohlenstoffquelle des Baustoffwechsels.

Heterozysten auf N_2-Fixierung spezialisierte Zellen von fädigen Cyanobakterien.

HNF »heterotrophe Nanoflagellaten«, unpigmentierte Flagellaten der 2 bis 20 mm-Größenklasse.

Holoplankton Organismen, die ihren gesamten Lebenszyklus im Plankton verbringen.

Humus Hochmolekulare, schwer abbaubare, gelöste, organische Substanzen.

Hypolimnion kalte Tiefenzone geschichteter Seen.

Intersetulardistanz Abstand zwischen den sekundären Filterborsten (Setulae) filtrierender Zooplankter, maßgeblich für die untere Größengrenze der Filtrierbarkeit von Partikeln.

Kairomon von Räubern oder von verletzter Beute ins Wasser abgegebener Schreckstoff, der Reaktionen bei Beuteorganismen auslöst.

Klarwasserstadium durch Grazing (Zooplanktonfraß) verursachtes Minimum der Phytoplanktonbiomasse während der Vegetationsperiode.

Koloniebildung Ausbildung mehr oder weniger lockerer, überindividueller Verbände, z.B. Kolonien von Einzellern.

Kompensationsebene Tiefenebene, in der sich gegenläufige Prozesse (z.B. Photosynthese und Respiration) die Waage halten.

Konkurrenz beidseitig negative Wechselbeziehung zwischen Organismen, die auf dieselbe Nahrung angewiesen sind.

Konvektion durch Dichteveränderungen bedingte vertikale Wasserdurchmischung.

Lebensgemeinschaft Gemeinschaft von Organismen verschiedener Arten, zwischen denen Wechselbeziehungen bestehen.

Lichtadaptation Anpassung der Lichtabhängigkeit der Photosynthese an das Lichtangebot.

Lichthemmung Hemmung der Photosynthese durch zu hohe Lichtintensitäten.

Lichtlimitation Begrenzung der Photosynthese durch zu niedrige Lichtintensitäten.

Lichtsättigung Unabhängigkeit der Photosyntheserate von Lichtintensität, wenn weder Limitation noch Hemmung auftreten.

Limitation Begrenzung einer biologischen Reaktion (Nahrungsaufnahme, Wachstum, Verbreitung) durch Mangel an einer Ressource.

limitierender Faktor Ressource, die biologische Reaktionen begrenzt.

Lithotrophie Wachstum unter Verwendung anorganischer Substanzen als Reduktionsmittel im Baustoffwechsel.

Litoral Uferzone.

Makroplankton Plankton von 2 mm bis 2 cm Körpergröße.
Megaplankton Plankton von mehr als 2 cm Körpergröße.
Meroplankton Organismen, die nur einen Teil ihres Lebenszyklus im Plankton verbringen.
Mesoplankton Plankton von 200 µm bis 2 mm Körpergröße.
Metalimnion Sprungschicht der Temperatur in Seen.
mikrobielle Schleife Verbindungsweg in pelagischen Nahrungsnetzen von der DOC-Exkretion über Bakterien und bakterivore Protozoen zu Metazoen.
Mikroplankton Plankton von 20 bis 200 µm Körpergröße.
Mixotrophie Kombination aus Autotrophie und Heterotrophie.
Mykoplankton pilzliches Plankton.

Nährelemente s. biogene Elemente.
Nährstoffe nutzbare Verbindungen der biogenen Elemente.
Nährstofflimitation Begrenzung von Bruttowachstumsraten oder Biomassen durch Mangel an Nährstoffen.
Nahrungskette Sequenz aufeinanderfolgender Räuber-Beute-Beziehungen (inkl. Herbivorie am Anfang der Nahrungskette).
Nahrungsnetz System miteinander verflochtener Nahrungsketten.
Nanoplankton Plankton von 2 bis 20 µm Körpergröße.
Nauplius frühes Larvenstadium bei vielen Gruppen der Krebstiere.
Nekton Gesamtheit der aktiv schwimmenden Organismen.

Nitratatmung Atmung ohne Sauerstoff mit Nitrat als Oxidationsmittel.
Nitrifikation chemosynthetische Oxidation des Ammonium zu Nitrit und Nitrat.

Oberflächenblüte Massenentfaltung von auftreibenden Phytoplanktern, meist Cyanobakterien.
oligotroph nährstoffarm.
Organotrophie Wachstum, Nutzung organischer Substanzen als Reduktionsmittel für den Baustoffwechsel.
Osmoregulation Regulation des inneren osmotischen Wertes eines Organismus.

PAR Photosynthetisch aktive Strahlung (400 bis 700 nm).
Parasitismus Wechselbeziehung zwischen Organismen, bei der der meist kleinere Parasit Teile der Biomasse des Wirts verzehrt, ohne ihn ganz aufzufressen.
Parasitoid für den Wirt tödliche, parasitenähnliche Organismen.
Pelagial Freiwasserzone.
Photosynthese Bildung organischer Substanz unter Nutzung von Lichtenergie.
Phototaxis Bewegung zum (positive P.) oder vom Licht weg (negative P.).
Phototrophie Nutzung des Lichts als Energiequelle für den Betriebsstoffwechsel.
Phytoplankton pflanzliches Plankton (inkl. Cyanobakterien).
Picoplankton Plankton von 0,2 bis 2 µm Körpergröße.
POC partikulärer, organischer Kohlenstoff.
Population Gesamtheit der Individuen einer Art in einem abgrenzbaren Lebensraum.

Primärproduktion primäre Bildung organischer Substanzen durch autotrophe Organismen.
Produktion Bildung körpereigener Substanz aus Fremdmaterialien.

Remineralisierung Rückführung von biogenen Elementen aus der organischen in die anorganische Phase.
Respiration Atmung, Oxidation organischer Substanzen zur Energiegewinnung für den Betriebsstoffwechsel.
Ressourcen konsumierbare Wachstumsfaktoren für Organismen (Stoff- und Energiequellen, Oxidations- und Reduktionsmittel, Platz).

Salinität Salzgehalt.
Sedimentation Absinken von Partikeln, die schwerer sind als Wasser.
Sekundärproduktion Produktion der heterotrophen Organismen.
Setula sekundäre Borsten im Filterapparat filtrierender Zooplankter.
Selektion a) evolutionsbiologisch: relative Anreicherung besser angepaßter Genotypen; b) physiologisch: Auswahl von Nahrungstypen.
Sichttiefe Tiefe, bis zu der eine genormte weiße Scheibe (Secchi-Scheibe) sichtbar ist.
Sinkgeschwindigkeit Geschwindigkeit des Absinkens sedimentierender Partikel.
Sprungschicht Tiefenzone sprunghafter vertikaler Veränderung chemischer oder physikalischer Umweltparameter.
Stickstoffixierung Assimilation von N_2 durch Cyanobakterien und einige heterotrophe, anaerobe Bakterien.

Sulfatatmung Atmung ohne Sauerstoff mit Sulfat als Oxidationsmittel.
Symbiose beidseitig nutzbringende Wechselbeziehung zwischen Organismen.

Thermokline Sprungschicht der Temperatur.
Todesrate Zahl der Todesfälle pro Populationsgröße und Zeiteinheit.
Trophie Nährstoffreichtum (»Fruchtbarkeit«) eines Gewässers.
trophische Ebene Gesamtheit der Organismen mit gleicher Position in der Nahrungskette.
turbulente Strömung Strömung mit ungeordneten Stromlinien.

Übergewicht Dichtedifferenz zwischen einem Partikel und dem Umgebungsmedium.

Vertikalwanderung tagesrhythmische Auf- und Abwanderung von Planktern.

Wasserblüte s. Blüte.
Weichwasser Kalzium- und magnesiumarmes Süßwasser.

Zirkulation vertikale Umwälzung von Wasserkörpern.
Zoea planktisches Larvenstadien benthischer Crustaceen.
Zooplankton tierisches Plankton.

Literatur

Almer B, Dickson W, Eckström C, Hornström E, Miller U (1974) Effects of lake acidification on Swedish lakes. Ambio 3:30–36

DeMott WR (1988) Discrimination between algae and artificial particles by freshwater and marine copepodes. Limnol Oceanogr 33:397–408

Edmondson WT, Litt AH (1992) Daphnia in Lake Washington. Limnol Oceanogr 27:272–293

Gliwicz ZM (1986) Predation and the evolution of vertical migration in zooplankton. Nature 320:746–748

Hutchinson GE (1961) The paradox of plankton. Am Nat 95:137–147

Lampert W (1987) Feeding and nutrition in Daphnia. Mem Ist Ital Idrobiol 45:143–192

Lampert W (1987) Laboratory studies on zooplankton-cyanobacteria interactions. New Zeal J Mar Freshwat Res 21:483–490

Lampert W, Loose CJ (1992) Plankton towers: bridging the gap between laboratory and field experiments. Arch Hydrobiol 126:53–66

Lampert W, Schober U (1978) Das regelmäßige Auftreten von Frühjahrsmaximum und Klarwasserstadium im Bodensee als Folge klimatischer Bedingungen und von Wechselwerkungen zwischen Phyto- und Zooplankton. Arch Hydrobiol 82:364–386

Lampert W, Sommer U (1993) Limnoökologie. Thieme, Stuttgart

Lenhart B, Steinberg C (1984) Limnochemische und Limnobiologische Auswirkungen der Versauerung von kalkarmen Oberflächengewässern. Informationsber Bayer Landesamt f Wasserwirtschaft

Roff JC, Hopcroft RR, Clarke C, Chisholm LA, Lynn DH, Gilron GL (1990) Structure and energy flow in a tropical neritic plankton community of Kingston, Jamaica. In: Barnes M, Gibson RN (ed) Trophic relationships in the marine environment. Aberdeen Univ Press, Aberdeen, 266–280

Sanders RW, Porter KG (1988) Phagotrophic flagellates. Adv Microbial Ecol 10:167–192

Schlegel HG (1992) Allgemeine Mikrobiologie. 7. Aufl Thieme

Shapiro J, Wright DI (1984) Lake restoration by biomanipulation. Round Lake, Minnesota, the first two years. Freshwat Biol 14:371–383

Sommer U (1989) The role of competition for resources in phytoplankton succession. In: Sommer U (ed) Plankton ecology: succession in plankton communities. Springer, Berlin, Heidelberg, New York, Tokyo, pp 57–106

Sommer U (1993) The scientific basis of eutrophication management: reconciling basic physiology and empirical biomass models. Mem Ist Ital Idrobiol 52:89–111

Sommer U (1994) Planktologie. Springer, Berlin, Heidelberg, New York

Sommer U, Gliwicz ZM (1986) Long range vertical migration of Volvox in tropical Lake Cahora Bassa (Mozambique). Limnol Oceanogr 31:650–653

Tait RV (1981) Elements of marine ecology. 3. Aufl. Butterworths, London

Tardent P (1993) Meeresbiologie. 2. Aufl. Thieme, Stuttgart

Tilman D (1982) resource competition and community structure. Princeton Univ Press

Tilzer MM (1984) The quantum yield as a fundamental parameter controlling vertical photosynthetic profiles of phytoplankton in Lake Constance. Arch Hydrobiol Suppl 69:169–198

Tilzer MM, Gaedke U, Schweizer A, Beese B, Wieser T (1991) Interannual variability of phytoplankton productivity and related parameters in Lake Constance: no response to decreased phosphorous loading? J Plankton Res 13:755–777

Vollenweider R, Kerekes J (1982) Eutrophication of waters. Monitoring, assessment, and control. OECD, Paris

Wagner G (1976) Simulationsmodelle der Seeneutrophierung, dargestellt am Beispiel des Bodensees. Arch Hydrobiol 78:1–28

1994. VII, 211 S. 65 Abb.,
22 in Farbe. Brosch.
DM 29,80; öS 232,50; sFr 29,80
ISBN 3-540-57895-1 ▼

▲ 1994. IX, 182 S.
13 Abb., 12 in Farbe
Brosch. **DM 29,80**;
öS 232,50; sFr 29,80
ISBN 3-540-57894-3

▲ 1994. XI, 223 S.
21 Abb. Brosch.
DM 29,80;
öS 232,50; sFr 29,80
ISBN 3-540-57603-7

2. Aufl. 1994. IX, 254 S.
19 Abb. Brosch.
DM 34,80; öS 271,50;
sFr 34,80
ISBN 3-540-57786-6 ▼

1994. IX, 238 S. 48 Abb.,
19 in Farbe. Brosch.
DM 29,80; öS 232,50;
sFr 29,80
ISBN 3-540-57602-9 ▼

▲ 1994. XI, 209 S.
43 Abb., 1 Tab.
Brosch. **DM 29,80**; öS 232,50;
sFr 29,80 ISBN 3-540-57040-3

Springer

Preisänderungen vorbehalten

2., überarb. u. erg. Aufl. 1993. X, 257 S. 31 Abb.
DM 29,80; öS 232,50; sFr 33.00. ISBN 3-540-54768-1 ▶

2. Aufl. 1992. IX, 226 S.
73 Abb. DM 29,80; öS 32,50;
sFr 33.00. ISBN 3-540-55313-4
▼

◀ 1993. VII, 263 S. 13 Abb.,
davon 8 in Farbe.
DM 29,80; öS 232,50;
sFr 33,- ISBN 3-540-56538-8

1993. VIII, 236 S. 48 Abb., davon
6 in Farbe. 14 Tab.
DM 29,80; öS 232,50; sFr. 33,-
ISBN 3-540-56666-X ▼

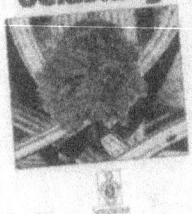

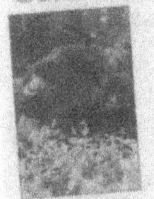

▲ 1992. X, 174 S. 47 Abb.
DM 29,80; öS 232,50;
sFr 33.00.
ISBN 3-540-55623-0

▲ 2., erw. Aufl. 1993. X, 200 S.
33 Abb., 21 historische
Vignetten DM 29,80;
öS 232,50; sFr 33.00.
ISBN 3-540-56240-0

Springer

Preisänderungen vorbehalten

Tm.BA3.11.002

Naturgeschichte des Lebens
Eine paläontologische Spurensuche
3. Aufl. Etwa 240 S. 76 Abb., 7 in Farbe Brosch.
DM **34,80** ISBN 3-540-60305-0

Flugverkehr und Umwelt
Wieviel Mobilität tut uns gut?
Etwa 230 S. 40 Abb., 6 in Farbe, 29 Tab.
Brosch. DM **34,80** ISBN 3-540-60309-3

Algen, Quallen, Wasserfloh
Die Welt des Planktons
VII, 196 S. 78 Abb., 36 in Farbe,
1 Tab. Brosch. DM **29,80**
ISBN 3-540-60307-7

Naturkatastrophen
Spielt die Natur verrückt?
VIII, 224 S. 44 Abb., 11 in Farbe Brosch.
DM **29,80** ISBN 3-540-59097-8

Klimaänderungen
Daten, Analysen,
Prognosen
XIII, 224 S. 58 Abb., 7 in Farbe
Brosch. DM **29,80**
ISBN 3-540-59096-X

Wetter und Klima
Beobachten und verstehen
VII, 211 S. 65 Abb.,
22 in Farbe Brosch.
DM **29,80**; öS 232,50
ISBN 3-540-57895-1

 Springer

Preistabelle:
DM 29,80 = öS 217,60 = sFr 29,80
DM 34,80 = öS 254,10 = sFr 34,80
Preisänderungen vorbehalten.

GPSR Compliance
The European Union's (EU) General Product Safety Regulation (GPSR) is a set of rules that requires consumer products to be safe and our obligations to ensure this.

If you have any concerns about our products, you can contact us on

ProductSafety@springernature.com

In case Publisher is established outside the EU, the EU authorized representative is:

Springer Nature Customer Service Center GmbH
Europaplatz 3
69115 Heidelberg, Germany

www.ingramcontent.com/pod-product-compliance
Lightning Source LLC
LaVergne TN
LVHW010258260326
834688LV00044B/1346